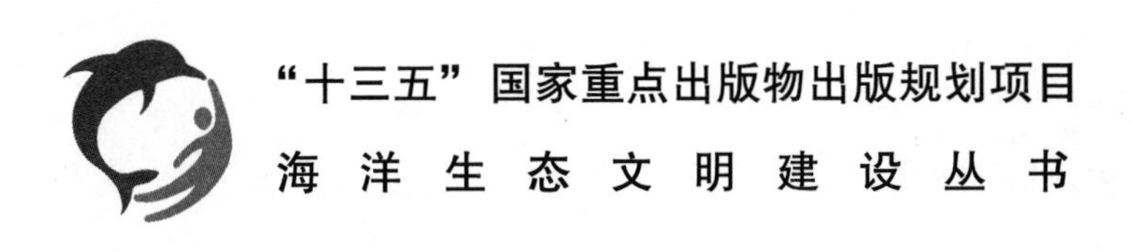

国家海洋公园建设与管理机制研究

吴侃侃　陈克亮　编著

海洋出版社

2020年·北京

图书在版编目（CIP）数据

国家海洋公园建设与管理机制研究/吴侃侃，陈克亮编著. —北京：海洋出版社，2020.12

ISBN 978-7-5210-0717-6

Ⅰ.①国… Ⅱ.①吴… ②陈… Ⅲ.①海洋公园-管理-研究-中国 Ⅳ.①P756.8

中国版本图书馆 CIP 数据核字（2020）第 266913 号

责任编辑：杨传霞　程净净

责任印制：赵麟苏

海洋出版社　出版发行

http://www.oceanpress.com.cn

北京市海淀区大慧寺路 8 号　邮编：100081

北京朝阳印刷厂有限责任公司印刷　新华书店北京发行所经销

2020 年 12 月第 1 版　2020 年 12 月第 1 次印刷

开本：889mm×1194mm　1/16　印张：9.25

字数：185 千字　定价：68.00 元

发行部：62132549　邮购部：68038093　总编室：62114335

前　言

国家海洋公园属于当前我国自然保护地体系中自然公园的一种重要类型，同时也是我国海洋保护区中的一种重要类型，它兼具海洋特别保护区（国家海洋局独自设立的海洋保护模式）和国家公园的特征，是目前各国进行海洋生态环境保护和资源可持续开发利用的一种重要形式。国家海洋公园是由中央政府指定并受法律严格保护的，具有一个或多个保持自然状态或适度开发的生态系统和一定面积的地理区域（主要包括海滨、海湾、海岛及其周边海域等），旨在保护海洋自然生态系统、海洋矿产蕴藏地，以及海洋景观和历史文化遗产等，供公众游憩娱乐、科学研究和环境教育的特定地域空间。

2008 年《大连长山群岛旅游度假区总体规划》中首次提出设立国家海洋公园这一构想，2010 年国家海洋局将国家海洋公园正式纳入海洋保护区体系。2011 年 5 月 19 日，国家海洋局公布了第一批国家海洋公园名录（共 7 处），分别是：广东海陵岛国家海洋公园、广东特呈岛国家海洋公园、广西钦州茅尾海国家海洋公园、厦门国家海洋公园、江苏连云港海州湾国家海洋公园、刘公岛国家海洋公园、日照国家海洋公园，至此，我国国家海洋公园正式进入公众视野。截至 2019 年底，我国国家海洋公园数量已增至 48 处，总面积为 5 218 km^2，占全国海洋保护区总数的 17.7%，占海洋特别保护区总数的 44.9%，占全国海洋保护区面积的 4.3%。

当前，我国国家海洋公园有关研究主要集中在概念解析、保护与开发关系、功能区空间划分、建设实践及经营管理等方面，理论方法体系较为单一，对于国家海洋公园建设与管理机制的设计与构建还缺乏科学、系统的探讨，对于国家海洋公园选划机制、开发与保护协调机制、利益相关者参与反馈机制、管理机制等方面的综合研究，目前在我国尚属罕见。

生态文明建设是实现中国梦不可或缺的重要组成部分，推进生态文明建设关乎民族未来的长远大计。党的十八大明确指出要突出生态文明的重要地位，并提出提高海洋资源开发能力，发展海洋经济，保护海洋生态环境，坚决维护国家海洋权益，建设海洋强国。在我国，国家海洋公园作为海洋特别保护区的一种重要类型，是海洋生态环境保护的重要形式之一，也是合理利用海洋资源的一种有效制度，更是实现开发与保护两者协调的关键。2015 年中共中央和国务院印发的《生态文明体制改革总体方案》（中发〔2015〕25 号）、2017 年中共中央办公厅、国务院办公厅印发的《建立国家公园体制总体方案》（中办发〔2017〕55 号）、2019 年中共中央办公厅、国务院办公厅印发的《关于建立以国家公园为主体的自然保护地体系的指导意见》（中办发〔2019〕42 号）等重要战略和政策方针，都提出了在加强开展国家公园体制改革背景下，国家级海洋保护区的管理模式和技术支撑研究与实践的有关要求。其目的就在于能够逐步完善我国海洋保护地体系，更好地维系海洋生态系统，保护海洋生态环境，为海洋类国家公园体系建设及其有效治理提供科学的技术支撑。

因此，在当前我国国家公园体制改革背景下，设计和构建完善的国家海洋公园建设与管理机制，对于进一步加强国家海洋公园的建设与管理理论研究，逐步完善我国自然保护地体系，特别是海洋保护地体系，更好地维系海洋生态系统和保护海洋生态环境，进一步巩固我国海洋权益，构建海洋环境保护与经济建设可持续发展的新模式，具有十分重要的意义。

本书根据《生态文明体制改革总体方案》《建立国家公园体制总体方案》《海洋特别保护区管理办法》（国海发〔2010〕21 号）、《国家级海洋保护区规范化建设与管理指南》（国海环字〔2014〕589 号）、《关于进一步加强海洋生态保护与建设工作的若干意见》（国海发〔2009〕14 号），以及《关于建立以国家公园为主体的自然保护地体系的指导意见》等国家政策、部门规章及相关技术规范等的有关要求，在总结近期研究成果的基础上，对当前我国国家海洋公园建设与管理机制开展了综合研究，构建了我国国家海洋公园建设与管理机制的内容框架，对框架各主要组成部分分别进行了详细的阐述；并以厦门国家海洋公园为例，参照已构建的框架，针对厦门国家海洋公园在选址建设、规划及具体管理等研究与实践过程中存在的一些问题和不足，提出进一步改进和完善的建议，为未来不断完善我国国家海洋公园建设与管理机制提供参考依据，从而进一步推动我国国家海洋公园的建设与管理体制的不断完善，实现我国国家海洋公园的可持续发展。

全书共分为 10 章：第 1 章，总论，阐述国家海洋公园的相关概念、特征、分类，以及建设与管理的意义等；第 2 章，通过文献资料的收集和整理，对当前国内外国家海洋公园建设与管理研究及实践的现状和经验进行比较；第 3 章，在第 2 章研究的基础上，总结当前我国国家海洋公园建设与管理方面存在的问题、发展趋势，以及国际成功经验所给予的启示；第 4 章，结合上述研究，应用环境学、生态学和管理学等相关理论方法设计并构建适用于我国国情的国家海洋公园建设与管理机制框架；第 5 章至第 8 章，分别对上述国家海洋公园建设与管理机制框架中的主要组成部分进行了详细的阐述，主要包括建设（选址和规划）机制、开发与保护协调机制、利益相关者参与和反馈机制、管理机制等方面；第 9 章，选择厦门国家海洋公园为案例区域，参照第 4 章已构建的国家海洋公园建设与管理机制框架的相关内容，明确当前厦门国家海洋公园在建设与管理制度和理论研究方面存在的问题，并在此基础上提出进一步改进的建议和对策措施，为我国其他国家海洋公园未来不断改进和完善建设与管理机制提供参考依据；第 10 章，对全书的内容进行总结，并对以后的相关研究工作做了展望。

本书在编写过程中得到了自然资源部第三海洋研究所龙邹霞、蒋金龙、陈凤桂、颜利、巫建伟等科研人员提供的数据支持和指导，在此深表感谢。

国家海洋公园建设与管理机制研究是一项全新的领域，编写本书也是一个全新的尝试。由于编者学术水平有限，本书定有许多不足之处，敬请读者不吝指正。

编　者

2020 年 1 月 10 日

目　录

第1章　总　论

本章基于国内外相关文献资料的梳理与回顾，对国家公园、自然保护区、自然公园、海洋保护区、国家海洋公园等自然保护地的相关概念及内涵进行了比较与归纳，并在此基础之上进一步明确国家海洋公园的特征及分类，提出了开展国家海洋公园建设与管理的意义。

1.1　国家海洋公园相关概念

1.1.1　自然保护地体系

2019 年 6 月，中共中央办公厅、国务院办公厅印发了《关于建立以国家公园为主体的自然保护地体系的指导意见》（中办发〔2019〕42 号）（以下简称《指导意见》）。《指导意见》指出，“自然保护地是由各级政府依法划定或确认，对重要的自然生态系统、自然遗迹、自然景观及其所承载的自然资源、生态功能和文化价值实施长期保护的陆域或海域。建立自然保护地的目的是守护自然生态，保育自然资源，保护生物多样性与地质地貌景观多样性，维护自然生态系统健康稳定，提高生态系统服务功能；服务社会，为人民提供优质生态产品，为全社会提供科研、教育、体验、游憩等公共服务；维持人与自然和谐共生并永续发展。要将生态功能重要、生态环境敏感脆弱以及其他有必要严格保护的各类自然保护地纳入生态保护红线管控范围。”

根据上述自然保护地定义，按照自然生态系统原真性、整体性、系统性及其内在规律，依据自然保护地的管理目标和效能，并在借鉴相关国际经验的基础上，我国将自然保护地按生态价值和保护强度高低依次分为国家公园、自然保护区和自然公园 3 种类型。

1.1.2 国家公园

国家公园（National Park）是一种特殊类型的公园，国内外学者对其形式和内容有着不同的理解。表1-1列举了一些具有代表性的国家公园的定义和分类。根据表1-1，国际上对国家公园的定义可归纳总结为：建立在对区域自然生态和历史文化资源进行严格保护的基础之上，由国家通过立法划出的具有明确地理边界和一定面积的陆地、水域空间，从而满足人类的科学研究、科普教育及游憩娱乐等需要（王恒和李悦铮，2012）。

表1-1 国家公园定义

来源	定义
朗文当代英语大辞典（Longman Dictionary of Contemporary English，2010）	“由国家规划、保护和供人们游览的具有自然、历史和科学意义的区域”
韦氏词典（Merriam-Webster Dictionary，2010）	“国家公园是由国家政府规划（在美国是通过国会立法）、保留和维护的具有景观、历史和科学重要性的特殊区域”
大英百科全书国际中文版（Encyclopedia Britannica International Chinese Edition，2010）	“国家公园是由政府划定并通常予以特殊保护的具有景观、娱乐、科学或历史重要性的面积较大的公共区域”
美国国家公园管理局组建法	“建立国家公园目的是保护景观、自然和历史遗产以及其中的野生动植物，以这种手段和方式为人们提供愉悦并保证它们不受损害以确保子孙后代的福祉”（Hamin，2001）
英格兰和威尔士的国家公园	“为了国家利益通过适当的决策和立法程序而受到保护的一片相对原始、美丽而广阔的野外区域。在该区域中，严格保护典型的风景名胜；广泛提供户外娱乐道路和设施；合理保护野生动植物、历史建筑物和遗迹；有效维持现有的农牧业使用”（张金泉，2006）
世界自然保护联盟（IUCN）第十届联会	“一个国家公园，是这样一片较大范围的区域，其拥有一个或多个生态系统，一般情况下没有或很少受到人类的占据及开发等影响，区域内的物种具有教育的、科学的或游憩的特殊作用，抑或区域内存在着含有高度美学价值的自然景观；国家最高管理机构在整个区域范围内一旦有可能就采取措施禁止人们的占据及开发等活动，并切实尊重这里的生态、地貌及美学实体，以此保证国家公园的建设；到此观光须得到批准，并以教育、游憩及文化陶冶等为目的”（IUCN，1994；韩海荣，2002）

续表

来源	定义
王维正	“国家公园是一个土地所有或地理区域系统，该系统的主要目的就是保护国家或国际生物地理或生态资源的重要性，使其自然进化并最小地受到人类社会的影响”（王维正，2000）

来源：王恒和李悦铮，2012。

在《指导意见》印发之前，我国尚未对“国家公园”进行明确定义和分类，类似于“国家公园”这一概念在我国主要包括以下几种类型的区域：自然保护区、风景名胜区、国家森林公园、国家地质公园，以及生态示范区等。然而，国家公园的概念与上述几种类型区域的概念既有联系又有区别。

2019年6月，《指导意见》对我国“国家公园”进行了明确的定义：“是指以保护具有国家代表性的自然生态系统为主要目的，实现自然资源科学保护和合理利用的特定陆域或海域，是我国自然生态系统中最重要、自然景观最独特、自然遗产最精华、生物多样性最富集的部分，保护范围大，生态过程完整，具有全球价值、国家象征，国民认同度高。”

尽管各国管理当局和学者对国家公园的定义各不相同，但其中具有许多共同点。笔者认为：国家公园是通过一定范围的适度开发实现整体地有效保护，即排除与保护目标相矛盾的开发利用方式，以生态系统、自然资源保护及适宜的旅游开发为基本策略，既达到保护生态系统完整性的目的，又为公众提供了游憩、教育、科研等机会与空间，是一种能够科学协调生态系统保护与资源利用之间关系的保护与管理模式。其主要特点归纳如下（IUCN，1994；韩海荣，2002；王恒等，2011）：

（1）它有一个或多个生态系统，通常没有或很少受到人类占据或开发的影响，这里的物种具有科学的、教育的或游憩的特定作用，或者存在具有高度美学价值的景观；

（2）国家采取一定的措施，在整个范围内阻止或禁止人类的占据或开发等活动，尊重区域内的生态系统、地质地貌及具有美学价值的对象，以此保证国家公园的建设；

（3）该区域的旅游观光活动必须以游憩、教育及文化陶冶为目的，并得到有关部门的批准。

1.1.3　自然保护区

世界各国划出一定的范围来保护珍贵的动植物及其栖息地已有很长的历史渊源，但国际上一般都把 1872 年经美国政府批准建立的第一个国家公园——黄石国家公园看作世界上最早的自然保护区。

20 世纪以来，自然保护区事业发展很快，随着全球生物多样性保护运动的深入发展，保护生物多样性已成为全人类共同关切的问题。因此，自然保护区建设普遍得到世界各国的高度重视，并已成为一个国家文明和进步的标志之一。自然保护区一般分为广义和狭义两种概念，广义的自然保护区是指受国家法律特殊保护的各种自然区域的总称，不仅包括自然保护区本身，而且包括国家公园、风景名胜区、自然遗迹地等各种保护地区；狭义的自然保护区是指以保护特殊生态系统进行科学研究为主要目的而划定的自然保护区，即严格意义上的自然保护区（张明，2017）。

国际上对自然保护区的定义可归纳为："对有代表性的自然生态系统、珍稀濒危野生动植物物种的天然集中分布区，有特殊意义的自然遗迹等保护对象所在的陆地、陆地水体或者海域，依法划出一定面积予以特殊保护和管理的区域。"自然保护区是保护自然资源和生物多样性的重要手段，它可以使生态系统按照自然规律进行演替和发展，为受到破坏的生态系统的恢复提供参考依据；它可以为濒临灭绝的物种和一些分布区域狭小的特化的物种提供天然的生存场所；同时，自然保护区作为生态建设的基本单位，既便于管理又有强大的生态效用（张瑛等，2019）。

《指导意见》指出："自然保护区是指保护典型的自然生态系统、珍稀濒危野生动植物种的天然集中分布区、有特殊意义的自然遗迹的区域。具有较大面积，确保主要保护对象安全，维持和恢复珍稀濒危野生动植物种群数量及赖以生存的栖息环境。"

从上述定义可知，国际上大部分的自然保护区不仅包含了对重要物种和自然环境的保护，也包括了对自然景观的保护，概念上包含了国家公园、风景名胜区等类型，属于广义上的自然保护区；根据《指导意见》的有关论述，我国自然保护区的性质是着重以自然环境与资源保护为目的而建立的特定区域，属于狭义性质的自然保护区，定义和保护内容上已经与国家公园、风景名胜区等类型有所区别。

1.1.4 自然公园

国际上，大部分国家所谓的"自然公园"是以上述"国家公园"的形式出现。在我国，《指导意见》中首次提出了"自然公园"一词，并将其列为自然保护地体系的一种重要类型。

《指导意见》将“自然公园”定义为：“保护重要的自然生态系统、自然遗迹和自然景观，具有生态、观赏、文化和科学价值，可持续利用的区域。确保森林、海洋、湿地、水域、冰川、草原和生物等珍贵自然资源，以及所承载的景观、地质地貌和文化多样性得到有效保护。包括森林公园、地质公园、海洋公园和湿地公园等各类自然公园。”

1.1.5　海洋保护区

世界自然保护联盟（IUCN，1994）将海洋保护区定义为：“通过法律或其他有效的方法予以部分或全部保护的潮间带或潮下带的任何海区，包括其上覆水体及相关的植物、动物、历史和文化特征。”

海洋保护区的总体目标就是维护海洋生物多样性和生产力。其中，中国的海洋保护区分为海洋自然保护区和海洋特别保护区（含国家海洋公园）两大类型。

1.1.5.1　海洋自然保护区

海洋自然保护区是自然保护区的一种重要类型。《海洋自然保护区管理技术规范（GB/T 19571—2004）》（国家海洋局，2004）将海洋自然保护区定义为：“以海洋自然环境和资源保护为目的，依法把包括保护对象在内的一定面积的海岸、河口、海湾、岛屿、沿海滩涂、沿海湿地或海域划分出来，进行特殊保护和管理的区域。”海洋自然保护区是国家为保护海洋环境和海洋资源而划出界限加以特殊保护的具有代表性的自然地带，是保护海洋生物多样性，防止海洋生态环境恶化的措施之一（王铸金，2013）。目前，我国的海洋自然保护区在功能分区上分为：核心区、缓冲区和实验区。

《海洋自然保护区类型与级别划分原则（GB/T 17504—1998）》中指出，根据保护对象，我国海洋自然保护区主要分为 3 个类别 16 个类型，具体如表 1-2 所示（陈宝明等，2007）。

1.1.5.2　海洋特别保护区（含国家海洋公园）

海洋特别保护区是指具有特殊地理条件、生态系统、生物和非生物资源及满足海洋资源利用特殊要求，需要采取有效保护措施和科学利用方式来特殊管理的区域，在功能分区上一般分为：重点保护区、适度利用区、生态与资源恢复区和预留区（王恒和李悦铮，2012）。

海洋特别保护区是具有中国特色的一种海洋保护区类型，是国家海洋局在海洋保护工作中的一种管理创新，旨在根据海洋生态客观规律和社会经济可持续发展的需要，建立可操作性强的、以生态为基础的新型海洋生态保护模式，以丰富和完善我国海洋生态保护手段和措施，有效落实“在保护中开发，在开发中保护”的目标，实现保护海洋生态的目的。

表 1-2　海洋自然保护区划分

类别	类型
海洋和海岸自然生态系统	河口生态系统
	潮间带生态系统
	盐沼（咸水半咸水）生态系统
	红树林生态系统
	海湾生态系统
	海草床生态系统
	珊瑚礁生态系统
	上升流生态系统
	大陆架生态系统
	岛屿生态系统
海洋生物物种	海洋珍稀、濒危生物物种
	海洋经济生物物种
海洋自然遗迹和非生物资源	海洋地质遗迹
	海洋古生物遗迹
	海洋自然景观
	海洋非生物资源

来源：陈宝明等，2007。

根据《海洋特别保护区分类分级标准（HY/T 117—2010）》（国家海洋局，2010a），我国海洋特别保护区分为特殊地理条件保护区、海洋生态保护区、海洋资源保护区和海洋公园四个类别，分级分类标准如表 1-3 所示。海洋特别保护区分为国家级和地方级两个级别，其中，海洋公园只有国家级。

表 1-3 海洋特别保护区分类分级标准（HY/T 117—2010）

海洋特别保护区类别	海洋特别保护区级别	
	国家级	地方级
特殊地理条件保护区	对我国领海、内水、专属经济区的确定具有独特作用的海岛；具有重要战略和海洋权益价值的区域	易灭失的海岛；维持海洋水文动力条件稳定的特殊区域
海洋生态保护区	珍稀濒危物种分布区；珊瑚礁、海草床、红树林、滨海湿地等典型生态系统集中分布区	海洋生物多样性丰富区域；海洋生态敏感区或脆弱区
海洋资源保护区	石油天然气、稀有金属、新型能源等国家重大战略资源分布区	重要渔业资源、旅游资源及海洋矿产分布区
海洋公园	重要历史遗迹、独特地质地貌和特殊海洋景观分布区	—

来源：国家海洋局，2010a。

1.1.6 国家海洋公园

国家海洋公园是世界各国目前实现生态环境保护和自然资源可持续开发利用协调发展的最重要的一种形式，国家海洋公园具备了海洋特别保护区和国家公园的特征（王恒，2011；颜利等，2015）。

《海洋特别保护区管理办法》（国海发〔2010〕21 号）明确指出：“为保护海洋生态与历史文化价值，发挥其生态旅游功能，在特殊海洋生态景观、历史文化遗迹、独特地质地貌景观及其周边海域建立海洋公园。”国家海洋公园通过建立以海洋区域内的生物多样性和海洋景观保护为主，兼顾海洋科考、环境教育及游憩娱乐的发展模式，使生态环境保护和社会经济发展等目标共同得到较好的满足，从而得到了人们的普遍认可，成为国际上海洋环境保护区设立和发展的主要模式。

在各个国家和地区的国家海洋公园的发展中，由于地理区位、自然环境及地方社会经济发展的差异，各国国家海洋公园的类型存在着较大的差异，名称也不尽相同（刘洪滨和刘康，2006；王恒和李悦铮，2012），例如，国家公园（National Park）、国家海洋公园（National Marine Park）、国家海岸公园（National Coast Park）、国家海滨（National Seashore）、国家海洋保护区（National Marine Sanctuary）等（表 1-4）。

表 1-4　国家海洋公园的名称比较

国家	海洋保护区名称	IUCN 分类
美国	国家公园（有海岸线）、国家海滨； 国家海岸公园	Ⅱ Ⅳ
加拿大	国家海洋公园； 国家公园、国家公园保留地（有海岸线）	Ⅱ Ⅱ
澳大利亚、新西兰	国家海洋公园、国家海洋保护区 国家公园（有海岸线）	Ⅴ Ⅱ/Ⅳ/Ⅴ
英国、日本、韩国	国家公园（有海岸线）	Ⅴ

来源：刘洪滨和刘康，2006；王恒和李悦铮，2012。

不同的国家和地区，不仅对于国家海洋公园的称谓不一，而且在概念界定上也没有一个较为一致的标准。例如，澳大利亚政府认为（Marine Parks Authority，2003）："国家海洋公园是一个多用途园区，旨在保护海洋生物的多样性，兼顾各种娱乐和商业活动。"为此，澳大利亚政府对海洋公园实行了分区计划，在海洋公园内划分避难区、环境保护区、一般用途区和特殊用途区，并分别为这些区域设定了具体的目标和特殊条款。

王恒等（2011）在综合归纳不同国家关于国家海洋公园的概念和内涵的基础上，总结了国家海洋公园的定义，即："国家海洋公园是由中央政府指定并受法律严格保护的，具有一个或多个保持自然状态或适度开发的生态系统和一定面积的地理区域（主要包括海滨、海湾、海岛及其周边海域等）；该区域旨在保护海洋生态系统、海洋矿产蕴藏地以及海洋景观和历史文化遗产等，供国民游憩娱乐、科学研究和环境教育的特定海陆空间。"

鉴于本书主要内容是针对我国国家海洋公园建设与管理机制开展框架构建与案例分析，因此，本书中笔者采用的是《海洋特别保护区功能分区和总体规划编制技术导则（HY/T 118—2010）》（国家海洋局，2010b）中关于海洋公园的定义，即海洋公园"是为保护海洋生态系统、自然文化景观，发挥其生态旅游功能，在特殊海洋生态景观、历史文化遗迹、独特地质地貌景观及其周边海域划定的区域"。

1.1.7　小结

根据上述相关定义并结合《指导意见》中的有关论述，本书所指的国家海洋公园既属于海洋特别保护区中的一种类型，又属于未来我国新构建的自然保护地体系中自然公园的一种重要类型，具体包括了重要历史遗迹、独特地质地貌以及特殊海洋景观分布区等。国家海洋公园与其他海洋特别保护区的不同在于：它包含了科研、环境教育以及游憩娱乐等发展模式，统筹兼顾了生态环境保护与资源开发利用，实现了区域社会、经济、资源和生态等综合效益的较好统一和充分发挥。

1.2　国家海洋公园特征和分类

1.2.1　国家海洋公园特征

世界各地国家海洋公园的发展存在着较大的差异。在一些人口密度较小的国家，如美国，其海岸带尚存在大量保存完好的或受人类活动影响较小的原始自然海岸，大量的原始沙坝、潟湖和湿地沼泽、沿海森林是美国国家海洋公园的主体，如鳕鱼岬（Cape Cod）国家海岸公园；也有以保护滨海山地及森林自然景观为主的国家公园，如阿卡迪亚（Acadia）国家公园等（王恒和李悦铮，2012）。

在一些人口众多、地理空间较为狭小、沿海经济发展历史较为悠久的国家，如英国、日本等，其沿海地区原始的、未受人类开发活动影响的区域早已不复存在，其国家海洋公园建设的主要目的是恢复及保护已开发的、尚未遭破坏或受到轻度破坏的自然景观及历史文化景观。例如，英国的彭布罗克郡海岸（Pembrokeshire Coast）国家公园，该公园除了保护其原始自然景观之外，还负责保护完好的农牧业用地，形成美丽的田园风光（李悦铮和王恒，2015）。

另外，在加拿大，国家海洋公园的设立主要考虑海域环境，即以保护独特海域水生生态环境为主，如位于布鲁斯半岛（Bruce Peninsula）的加拿大五寻国家海洋公园（Fathom Five National Marine Park of Canada）（李悦铮和王恒，2015）。

尽管各国国家海洋公园的设立存在较大的差异，但其特征基本类似，主要包括如下三个方面。

（1）生态环境保护特征。通过对公园内自然生态及历史文化等遗产的保护，保护区域生态系统的稳定性和完整性，为子孙后代提供一个能够公平享受人类自然及文化遗产的机会。

（2）游憩娱乐特征。通过对海陆特定区域内具有观赏及游憩价值的自然景观及文化历史遗产的保护，为公众提供一个回归自然、欣赏生态景观、修身养性、陶冶情操的天然游憩场所，并增加社区居民收入，繁荣区域经济，进一步推动公园的生态环境保护。

（3）科学研究及环境教育特征。公园拥有的大量未经人类开发活动改变或干扰的地质、地貌、气候、土壤、水域及动植物等资源，是研究生态系统及文化历史遗产的理想对象，具有较高的学术研究及国民教育价值。因此，不论是 IUCN 的"国家公园"，澳大利亚的"海洋公园"，还是美国"国家海岸公园"，加拿大的"国家海洋公园"，均是站在公众利益的角度，强调保护脆弱的海洋生态环境和生物多样性，也都不排斥游憩、科研、教育等合理的资源利用模式。

国家海洋公园作为海洋保护区的一种重要类型，以保护海洋区域内的生物多样性和海洋景观为主，并兼顾海洋旅游娱乐的发展模式，得到了人们的普遍认可，成为沿海各国海洋保护区建设的主要选择模式之一。国家海洋公园设立的根本目的在于保护特殊海域的生态系统，以及自然和人类历史文化遗产，把人为的影响降到最低点，以实现自然及文化历史遗产的代际共享（王恒和李悦铮，2012；李悦铮和王恒，2015）。

1.2.2　国家海洋公园分类

世界各个国家和地区的海洋保护区类型繁多，其分类标准也各有不同，保护区可按照主要保护目的、保护地位、保护水平、保护的生态尺度及保护时限等划分为不同的类型，对不同要求的保护区域进行保护与管理（刘洪滨和刘康，2007）。然而，对于作为国家级海洋特别保护区的重要类型之一的国家海洋公园进行进一步再分类，则少有文献涉及。

王恒（2011）从空间差异的角度对国家海洋公园进行了基本分类，主要分为海岛型国家海洋公园与海滨型国家海洋公园两大类。海岛型国家海洋公园主要是指由分布在海洋中被水体全部包围的较小面积陆地及其周围海域所构成的海陆空间，旨在保护天然岛屿及其周围海域中的生态系统与自然资源及景观，例如，美国的海峡群岛国家公园、我国的广东特呈岛国家海洋公园和广西涠洲岛珊瑚礁国家海洋公园等；海滨型国家海洋公园主要是指由位于大陆与海洋之间的较大面积陆地及其外围海域所构成的海陆空间，旨在保护原始海岸及其周围海域中的生态系统与自然资源及景观，例如，美国的哈特拉斯角国家海滨（Cape Hatteras National Seashore）、我国的福建长乐国家海洋公园和厦门国家海洋公园等。笔者认为，虽然这样的分类比较简单直接，但由于空间尺度较难把握，故这种划分类型存在较大的模糊性和不确定性。

此外，参考《海洋特别保护区管理办法》中国家海洋公园的定义，我国国家海洋公园可以根据公园所在区域的自然资源和环境属性划分为三种类型，即海洋生态景观海洋公园、历史文化遗迹类海洋公园，以及独特地质地貌景观类海洋公园。笔者认为，这样的类型划分相对比较客观、清晰，也能具体体现出海洋公园的保护目标和主要功能。

1.3　国家海洋公园建设与管理意义

国家海洋公园是海洋特别保护区的一种类型，通过海洋公园的建设，则可以针对特定区域范围内自然条件、资源状况、开发现状、社会经济发展需求等不同情况，并根据海洋生态状况及环境容量，动态调整生态旅游的目标、方向和强度，采取合理的管理措施引导滨海旅游活动向着健康、绿色的方向发展，在保护好海洋生态环境的前提下，有效地发挥滨海生态旅游功能价值，为促进滨海生态旅游资源有度、有序的可持续开发利用提供引导和示范（王恒和李悦铮，2012）。

同时，积极规划和完善国家海洋公园建设与管理体系是我国海洋生态文明建设的一项重要举措。国家海洋公园的建设对于保护我国海洋生态环境和资源、促进海洋经济发展、进一步巩固我国海洋权益、为科学研究和环境教育提供重要场所、满足人们日益增长的物质需求和精神需求、提高人们自觉保护海洋的意识、探索我国海洋环境保护与经济建设和谐发展的新模式等，都具有十分重要的意义，是深入贯彻落实科学发展观、建设海洋生态文明的具体体现（王恒等，2011；李悦铮和王恒，2015）。

综上所述，开展国家海洋公园建设与管理的重要意义主要包含如下三个方面。

1）践行“两山”理论[①]的重要举措

建立以国家公园为主体的自然保护地体系改革，是贯彻落实习近平新时代中国特色社会主义思想和党的十九大精神，落实新发展理念，推进我国生态文明建设和生态文明体制改革的重要工作内容。国家公园体制坚持保护第一的宗旨，强调保存自然和文化资源的多样性，实现可持续发展。实施国家公园体制是对“两山”理论的深刻阐释和具体实践。

---

① “两山”理论是时任浙江省委书记的习近平同志于 2005 年 8 月 15 日在安吉天荒坪镇余村考察时提出的“既要绿水青山，又要金山银山。实际上绿水青山就是金山银山”。2015 年 3 月 24 日，习近平总书记主持召开中央政治局会议，审议通过了《关于加快推进生态文明建设的意见》，正式把“坚持绿水青山就是金山银山”的理念写进中央文件，成为指导中国加快推进生态文明建设的重要指导思想。

国家海洋公园是国家公园体制工作中的一部分，它通过推动生态旅游和蓝色经济发展等有效途径，做到既可以有效地保护绿水青山，又可以为绿水青山变为金山银山搭建科学有效的通道。因此，加强开展国家海洋公园建设与管理有关工作，是以实际行动积极参与到国家公园体制的实施进程中，是贯彻党的十九大精神、践行“两山”理论的重要举措。

2）协调海洋环境保护与经济发展的最佳途径

（1）有利于海洋生态环境保护

随着我国国民经济的持续快速发展，海洋自然资源环境与生态环境日益恶化。海洋保护区既能较完整地为人类保存一部分海洋自然生态系统的“本底”，为以后评价人类活动的优劣提供比照标准，又能减少或消除人为的不利影响，改善海洋环境，维持生态平衡，使海洋资源为人类持续利用（蒋小翼，2013）。作为我国海洋特别保护区的一种重要类型，加强国家海洋公园体系建设与管理制度的构建，使其成为现有的海洋保护区网络的重要支点，是保护海洋生物多样性和防止海洋生态环境全面恶化的重要途径之一。

（2）促进海洋生态旅游发展

生态旅游目的地应具备的基本特征：旅游影响最小化；实现生态旅游地发展的可持续性；直接或间接贡献于目的地的环境保护；基本无干扰或少干扰的自然区域；真实性、伦理性的经营理念及建立环境意识等（王恒和李悦铮，2012）。作为重要自然资源和独特景观的集中地，国家海洋公园不仅为公众提供了一个了解海洋、认识海洋、欣赏海洋的平台，其优美的自然风光、丰富的海洋生物和原生态的海洋景观还能吸引大批游客进行观赏和娱乐活动。因此，国家海洋公园是开展生态旅游的最佳目的地之一，通过提高我国海洋公园生态旅游活动的管理能力，利用生态旅游带动海洋公园建设及沿海社会经济发展势在必行。

此外，在海洋公园发展相关的生态旅游产业，能够作为一种新的融资途径，有效地解决保护区管理经费等问题，有利于各项生态环保基础设施的建设，以及各项生态环境保护管理措施的落实（Phillips，2005）。

3）有效提高公众海洋环境保护意识，促进海洋生态文明建设

国家海洋公园为科学研究提供了平台，有利于国际合作、交流，其原始的生态系统、丰富的海洋生物、独特的地质地貌及历史遗迹等均具有重要的研究价值。研究成果不但可以丰富国内相对薄弱的海洋科考研究，还可在第一时间运用到公园的建设与管理之中，在生态保护与资源利用的基础之上充分发挥生态效益、社会效益及经济效益（王恒和李悦铮，

2012)；同时，国家海洋公园也是向公众普及海洋知识，实现环境教育的重要载体，为青少年学生进行科学知识学习、实践提供了良好的自然环境和科学普及、教育的平台。在国外，国家公园最主要的利用目的之一就是实现国民教育（王恒等，2011）；国家海洋公园是天然的实验室，是重要海洋、生物、地理、地质及其他学科的科学普及基地，对提高全民族整体科学素质具有重要意义（王恒和李悦铮，2012）。

因此，通过国家海洋公园的建设，可以吸纳更多的公众参与进来共同管理，使其进一步了解海洋，认识到海洋自然资源的不可再生性与海洋生态环境的脆弱性，体会到国家海洋公园在促进海洋生态文明建设和海岸带自然、社会、经济可持续发展中所发挥的重要作用，进一步提高公众保护海洋生态环境的意识。

第 2 章　国内外国家海洋公园建设与管理现状

本章基于国内外相关文献资料的梳理与回顾，对国内外国家海洋公园建设与管理的现状进行了比较、归纳和总结，主要包括国内外海洋公园建设与管理的相关研究进展，以及国内外海洋公园建设与管理的体系，为当前我国国家海洋公园建设与管理问题的识别及建设与管理机制框架的构建提供参考依据。

2.1　国外相关研究进展

自 1953 年美国建立哈特拉斯角国家海滨以来，澳大利亚、英国、加拿大、新西兰、日本和韩国等国相继建立起国家海洋公园体系。以海洋生态系统与海洋景观保护为主，兼顾海洋科考、环境教育及游憩娱乐的发展模式，使生态环境保护和社会经济发展等目标均得到较好的满足，受到民众的普遍认可，成为国际上海洋保护区设立与发展的主要模式之一（王恒等，2011；王恒和李悦铮，2012；王文君，2017）。

随着国家海洋公园的发展，国外学者从不同角度进行了相关研究，研究领域比较广泛，基本上形成了多学科综合研究的局面。20 世纪 90 年代以来，研究者们在继续重视海洋公园对区域生态环境、旅游和渔业发展等方面影响的同时，也对国家海洋公园的建设与管理逐渐关注。当前，国外海洋公园建设与管理研究主要集中在海洋公园的选址与规划、经营与管理，以及利益相关者等方面（李悦铮和王恒，2015）。

2.1.1　国家海洋公园选址与规划研究

长期以来，国家海洋公园的选址和规划一直是国外众多学者开展相关研究的焦点（王恒和李悦铮，2012；李悦铮和王恒，2015）。

Davidson 和 Chadderton（1994）在开展新西兰亚伯塔斯曼国家公园（Abel Tasman

National Park）选址研究时表明，国家（海洋）公园的选址应考虑包括海岸基质、藻类和草食动物组合在内的各种环境因素，必须更加重视物种分布的格局、模式及丰度等方面要素。

Shafer（1999）在针对国家（海洋）公园生物多样性保护规划的研究中指出，建立一个包括国家海洋公园在内的自然保护区体系，其关键环节包括：制订目标、选择管理类型、统计分析、找出差距、设计储备、测量储备条件和脆弱性，并认识研究和管理之间的关系。

Francis 等（2003）研究指出，目前部分国家和地区的国家海洋公园选址、建立及规模等多为当地政府部门独立决策和审议的结果，其中更多的是基于人文因素的考虑，而忽略了生态环境方面的考虑。

Worachananant 等（2007）在关于 2004 年海啸对泰国 Surin 国家海洋公园影响的研究中指出，以岛屿为中心的国家海洋公园在选址和规划的过程中，应将区域内生物多样性保护作为先决战略条件，并利用地形、水文条件作为公园选址的附加条件，以用于应对不定期发生的海洋灾害，避免或减缓海洋灾害带来的风险和损失。

Glick 和 Stein（2011）、Pettebone 等（2013）认为，在国家（海洋）公园规划中，气候变化、生态保护、利益相关者等是重要的考虑因素，因此，强调社区参与、气候变化情景模拟、游客市场细分等理念是国家海洋公园规划的趋势。

Ernst 和 Van（2013）通过研究发现，过去“专家导向”的传统规划方法难以为国家海洋公园的决策提供充分的信息，而适应性管理规划和情景规划正逐渐得到理论和实践领域的重视。

2.1.2　国家海洋公园经营与管理研究

国外国家海洋公园经营与管理研究主要集中在有关旅游者方面，以及海洋公园的环境监测与环境容量控制方面。

Anastasia 和 Savvas（2005）认为，评估国家海洋公园内的生物多样性对保护和保存自然栖息地具有十分重要的意义。由于海洋公园在生态环境保护方面的重要作用，海洋公园环境监测和环境容量控制的研究显得十分重要。

Togridou（2006）等通过对希腊扎金索斯国家海洋公园游客的属性、信息源、环境性质及旅游购买意愿等方面综合分析，发现较高的支付意愿程度与海洋公园中遗产的价值有关。

Joanna 和 Susan（2007）在西澳大利亚国家海洋公园腹地的重要性满意度研究中发现，

有效的管理取决于能够量化的游客体验质量，以及对自然环境的保护。

Worachananant 等（2007）指出，海洋公园管理者应该帮助潜水旅游者查明并指导其使用能够抵抗损害的潜水点，并同时提醒经营者，从而促使潜水行为造成的影响最小。

Kalli（2008）通过研究发现，在海洋公园经营与管理过程中，潜水者不仅是最大的用户群，同时也是海洋公园良好管理的最直接受益群体。

Hatch 和 Fristrup（2009）在研究中总结了美国海洋公园摆脱噪声污染的 4 条途径：①加大在监测方案和数据管理方面的投资；②扩大决议和影响评估工具的范围；③加强协调和规制结构；④鼓励并教育美国民众获取安静的利益。

Clark 等（2011）通过研究发现，在国家（海洋）公园管理中，适应性管理是国家公园成功实践的重要因素，并在国家公园管理机构在不同水平和范围内协调个人和集体间的活动中起到不同作用。

Kolahi 等（2013）和 Mayer（2014）通过结构化访谈、开放式访谈、实地调研、构建旅游指数等方式对国家（海洋）公园管理活动进行综合衡量与监测，并在此基础上构建指标体系，对其管理效果开展评估。这些指标主要包括可持续性指标、收益性指标和吸引力指标。

2.1.3 国家海洋公园利益相关者研究

Ghimire 和 Pimbert（1997）指出，只有当国家海洋公园具备改善当地社会生活条件和保护生态环境的双重目的时，其保护方案才会有效并且可持续。

Elliott G 等（2001）和 White 等（2002）认为，在国家海洋公园建设与管理过程中，增加对社区居民的关注是必要的，社区及其他利益相关者参与对公园建设与管理取得良好的效果发挥着重要的作用。

Alcock 和 Woodley（2002）在华盛顿海洋援助计划报告中阐述了澳大利亚的合作研究中心（Corporation Research Centre，CRC）计划，分析如何创新地连接基金与合作伙伴，以及旅游经营者和珊瑚礁管理者，帮助解决社会、环境和经济问题，包括人口压力、沿海发展、业务法规、旅游经验、水质和海洋保护政策等，并认为交互式规划与协商能够克服敌对和竞争，从而开展在这些相关利益者之间的“文化合作”。

Bajracharya 等（2006）认为，在海洋公园开发与保护过程中，所谓的保护不仅是单纯的自然环境保护，也涉及保护区内资源可持续利用和生物多样性的保护。

王恒（2013a）在总结国外海洋公园建设与管理经验后认为，为确保海洋公园建立，无论是渔民组织还是地方政府，坚定支持的领导者必不可少。为了处理海洋公园区域内资源的所有权和管理权，也为了引导资源所有者行为，需要来自政府部门在法律和政策上的大力支持，这样利益相关者才能获得合法的权益和尊重。

Austin 等（2016）认为，社区发展是国家公园可持续发展的重要组成部分，周边社区居民的生计对自然资源的依赖一定程度上与国家公园保护目标产生冲突。因此，基于社区发展的合作共管被视为解决人与公园矛盾的重要途径。

2.1.4　小结

综上所述，国外国家海洋公园建设与管理相关研究主要有以下特点。

（1）随着国家海洋公园的发展，国外海洋公园建设与管理研究主要集中在海洋公园的选址与规划、经营与管理及利益相关者等方面，基本上形成了多学科综合研究的局面。

（2）在研究方法和技术上，经济学、统计学、环境学、生态学、物理学、管理学等学科的理论与方法已广泛应用于海洋公园的建设与环境管理方面的研究。此外，由于海洋公园自身关联度高的属性，跨区域、跨部门、多学科合作已成为国际上的研究趋势。

（3）当前部分发达国家的国家（海洋）公园经营管理模式相对比较成熟，经营模式上普遍实行特许经营制，由国家公园管理局负责提供基础和公共建设，而相关服务则由私人企业来提供。管理模式则主要分为中央集权型、地方自治型和综合管理型（张广海和朱旭娜，2016；肖练练等，2017）。

（4）目前，国外相关研究内容方面还存在一定的不足，分析海洋公园区域环境影响的研究比重仍然偏大，有关海洋公园规划建设与经营管理方面的研究有待加强。研究方法方面，应用环境规划学和地理学的综合理论方法对海洋公园进行空间分析的研究较少，特别是在空间结构布局等方面的研究还有待进一步深入。

2.2　国内相关研究进展

中国拥有漫长的大陆岸线和岛屿岸线，海洋资源十分丰富，为我国开发建设国家海洋公园提供了有利的条件。由于历史、文化、政策等多方面因素，我国国家海洋公园建设总体上尚处于起步阶段，因此，相关的理论研究与国外相比还存在着较大差距（王恒，2011，

2013b；张广海和朱旭娜，2016；祝明建等，2019）。

国内对国家海洋公园的研究刚刚起步，基本上以介绍国外著名国家海洋公园的规划建设和管理经验为主（黄向，2008；张燕，2008；秦楠和王连勇，2008；王月，2009；罗勇兵和王连勇，2009），关于我国建设国家海洋公园的研究也仅仅停留在最初的开发构想阶段（谢欣，2008；祁黄雄，2009；李志强等，2009；黄剑坚等，2010；张广海和朱旭娜，2016；祝明建等，2019），国家海洋公园建设与管理机制的系统研究在我国尚属罕见。通过文献及相关资料的整理和归纳，本节主要从建设实践和经营管理两个方面来阐述当前我国国家海洋公园建设与管理的相关研究现状。

2.2.1 国家海洋公园建设研究

谢欣（2008）、王恒（2013b）和耿龙（2015）分别在分析国内外国家海洋公园建设的背景下，均指出国外海洋公园建立时间早，生态效益及经济效益都较为明显；而国内海洋公园建设起步晚，受重视程度不高。

崔爱菊等（2012）以日照国家海洋公园为例，将海洋公园总体分为3个功能区：重点保护区、生态与资源恢复区、适度利用区。其中，重点保护区的保护力度最大，适度利用区的开发强度最大。各个功能区又下设多个保护区，有各自的保护和开发目标，最终形成旅游发展与生态保护双向促进的发展模式。

孙芹芹等（2012）、秦诗立和张旭亮（2013）、王晓林（2014）均指出在国家海洋公园选址问题上要全方位综合考虑，包括当地的经济、社会和生态条件，以及当地的旅游资源集中程度、地域组合状况等，在全局的视角下做到具体问题具体分析。

王恒（2013a）以辽宁大连长山群岛国家海洋公园为例，将国家海洋公园由近及远分为核心区、缓冲区、实验区、游憩区及一般利用区5个功能区，从核心区到一般利用区各分区的保护力度依次减弱，而开发强度依次增强。此外，还通过因子分析、空间结构分析及适宜性分析对其选址进行研究，从而确定其核心区的最优地址。

颜利等（2015）根据自然资源条件、开发利用的现状将厦门国家海洋公园分为4种不同类型的功能区域，严格实施“分类指导、分区管理”制度，并明确各分区类型的生态环境与社会经济功能，提出了各分区的生态环境保护目标、限制或禁止的开发利用活动，以及具体的管控措施。

张广海和朱旭娜（2016）在总结国内海洋公园相关建设研究的基础上，认为学者们大都借鉴国外生态旅游开发的成功模式，在保护的基础上对国家海洋公园进行功能分区开发，由外及里一般包括开发利用区——主要旅游开发地带、缓冲区——适度旅游开发地带、核心区——严禁开发地带。

祝明建等（2019）在对美国和澳大利亚海洋类国家公园建设与管理经验总结的基础上，从规划法规、概念普及、选址布局和交通联系 4 个方面对我国海洋类国家公园的规划建设提出具体建议。

2.2.2　国家海洋公园经营管理研究

颜士鹏和骆颖（2007）认为我国可以在国家海洋公园等海洋特别保护区中实施“一区一法”的模式，并对“一区一法”的形式和保护区立法之间的关系进行了初步探讨。

黄向（2008）指出，我国国家公园的经营管理体制尚未形成统一权威的模式，大多介绍引进国外先进的经营管理理念。

谢欣（2008）认为国家海洋公园的监督管理工作应由国务院海洋行政管理部门负责，并直接设置管理机构负责日常保护、利用和管理工作，各地方政府及相关部门积极协调和配合。

秦诗立和张旭亮（2013）通过总结国外经验指出，国家海洋公园的管理要注重有效性和持续性，公园管理的核心应是对公园定期、持续的监测与评估；此外，国家海洋公园的相关管理机构要独立于现有部门，或者整合现有海洋、渔业等相关部门的生态保护职能，从而形成凝聚力更强的合力。

王晓林（2014）提出国家海洋公园要设立一个专门的全国性的管理机构，然后在海洋公园所在地设立管理部门，管理公园的具体事宜。

李悦铮和王恒（2015）指出我国国家海洋公园的现行管理体制是属地管理，存在诸多弊端，应该借鉴国际成功的管理经验，由国家层面统筹全局，下设各个级别、各个部门，实现自上而下的垂直管理体制。

颜利等（2015）指出，厦门国家海洋公园实行经营与管理相分离的体制，经营模式上主张由企业全面负责，管理模式上采取地方政府和社区参与相结合的模式。

张广海和朱旭娜（2016）认为，国家海洋公园既是海洋特别保护区的重要组成部分，也可归于国家公园体制的范畴之中，其管理体制应受到国家公园管理体制的影响。此外，国家海洋公园的有效管理是建立在国家公园科学管理的基础上的，国家公园管理体制的效率决定了国家海洋公园管理体制的效率，只有不断完善国家公园的管理体制，才能建立起一整套科学的国家海洋公园管理体制。

祝明建等（2019）认为，我国在未来国家海洋公园建设与管理的过程中，应建立针对海洋公园的完备的法律法规体系和规划标准，建立科学系统的国家海洋公园遴选和管理机制，进一步明确海洋公园建立的现实意义和长远益处，加深民众对国家海洋公园的了解和保护意识。

2.2.3 小结

综上所述，我国国家海洋公园建设与管理研究现状主要有以下5个特点。

（1）由于历史、政策、经济、技术等多方面的因素，我国国家海洋公园建设总体上尚处于起步阶段，其研究进展与国外相比存在较大差距，基本上以介绍国外著名国家海洋公园规划建设和经营管理经验为主。

（2）在建设研究方面，主要集中在国家海洋公园的功能分区方面的研究；在经营管理方面，主要集中在国家海洋公园管理体制与机构设置方面的研究，一般以定性研究为主。

（3）由于我国国家海洋公园相关研究刚起步，缺乏详细的监测与统计资料，因此，上述因素客观上也制约了定量分析和新技术的应用。

（4）开展当地社区居民及利益相关者对国家海洋公园建设管理作用方面的研究较少。

（5）与国外相比，我国现阶段国家海洋公园建设与管理方面的研究还不完善，在已有的研究成果中，涉及国家海洋公园相关管理政策的研究较少，尚未建立统一的国家海洋公园管理体系，具体的管理措施仍不明确，各地区国家海洋公园仍旧根据自身情况进行管理，没有一个系统权威的管理模板。

2.3 国外国家（海洋）公园建设与管理体系

1962年，在美国西雅图举办的第一次国家公园世界大会上提出了建立海洋公园的倡议。1992年，在委内瑞拉召开的第四次国家公园和保护区世界大会上通过了21世纪保护区发展行动计划——《加拉加斯行动计划》，该计划指出要建立沿海和海上保护区，并得到了国际社会的积极响应（王维正，2000）。在此背景下，世界上许多国家公园体系得到不断完善，建设成果斐然（杨宇明，2008）。目前，国家海洋公园的发展在世界各地差距较大，以美国、澳大利亚、加拿大、英国、日本为代表的沿海发达国家海洋环境保护意识较强，对海洋保护的力度远高于发展中国家，其国家海洋公园的建设历史悠久，发展也较为完善（刘洪滨和刘康，2006；肖练练等，2017；祝明建等，2019）。

本节主要介绍了美国、加拿大、澳大利亚、英国、日本等国外国家（海洋）公园建设与管理的体系，以此为我国国家海洋公园建设与管理机制设计与构建提供相关的经验借鉴。

2.3.1　美国

2.3.1.1　历史发展

自从世界上第一个国家公园——黄石国家公园于 1872 年在怀俄明州诞生至今，美国国家公园系统的建设取得了丰硕的成果，尤其是国家海滨，开创了海洋系统国家公园建设的先例，例如，1953 年建成第一个国家海滨——哈特拉斯角国家海滨（谢欣，2008）。半个多世纪来，随着美国国家海洋公园的不断壮大发展，形成了典型海洋生物栖息地和海岸带景观保护为主的国家海岸公园，以及以海滨森林生态景观为主的海滨国家公园体系（刘洪滨和刘康，2003；孟宪民，2007）。美国国家海洋公园的建设和管理为其他国家提供了宝贵的经验。例如，美国佛罗里达州的卡纳维拉尔国家海滨就是国家公园管理局、渔业与野生动植物保护局，以及国家宇航局相互协作管理的典范（National Park Service，2007；孟宪民，2007；肖练练等，2017）。

2.3.1.2　建设与管理体制

作为国家公园的发源地，美国建立了一套以政府为主导、多方力量共同参与、公私合作的国家公园管理体制，较好地实现了公园保护、游憩和科研等多重目标（Hamin，2001；Saporiti，2006；朱华晟等，2013）。美国国家公园（含海洋公园）采用的是以联邦政府为核心的中央集权型管理体制，其管理体系主要由国家公园管理局、国家公园基金会、非公共机构（主要包括非政府组织、科研机构、私营企业及个人等）三大部分组成（朱华晟等，2013）。

1）国家公园管理局

联邦政府内政部下属的国家公园管理局于1916年成立，它是国家公园行政管理体系的核心，统一负责国家公园资源保护与旅游开发等活动。国家公园管理局是在国会制定的法律政策的框架下，施行对国家公园的实际管理工作，地方政府则无权介入（Hamin，2001）。国家公园管理局下设7个办公室，分管各片区内国家公园事务，各国家公园内均设有基层管理局，从而形成以“国家公园管理局-地方办公室-基层管理局”为主线的垂直管理体系（朱华晟等，2013）。

国家公园的规划设计是由国家公园管理局下属的丹佛设计中心负责，规划方案在申报前需征求公园所在地社区居民的意见，否则国会下议院不予讨论和审批（王恒，2011）；有关国家公园的政策和法律条款则由社会各界向美国国会发起提案，提案通过后即成立（朱华晟等，2013）；此外，国家公园的管理人员由国家公园管理局统一安排，管理人员均需具有本科以上学历和在职专业培训，公园运营经费来自联邦政府财政经常性预算项目。高素质管理人员的输入和稳定的国家财政支持，是国家公园运营管理的重要保障（王永生，2010）。

2）国家公园基金会

国家公园基金会（National Park Foundation）是联系公私两方机构的重要桥梁，企业、科研机构、个人或非政府组织等主要通过基金会与国家公园管理局进行合作，为管理局提供资金、技术和人力支持，从而协助国家公园管理局开展工作（Miller，2008；朱华晟等，2013）。例如，私人机构可以向基金会提供慈善捐款，或企业经国家公园管理局批准同意后与基金会建立有偿合作关系，通过资金投入获取公园内部某些产品的销售权（朱华晟等，2013）。

3）非公共机构

非公共机构主要包括了非政府组织、科研机构、私营企业和个人。非政府组织如环境保护基金协会、野生动物基金会等是凭借自身的影响力和宣传，促进立法的修改，从而对国家公园的管理体制产生深远影响（Saporiti，2006）；科研机构的参与则主要是为公园的管理提供更重要的技术支撑（Kindberg et al.，2009；Todd et al.，2010）；私营企业的参与则是出于追逐经济利益和提高社会声望，其参与的途径主要包括了经国家公园管理局批准的特许经营项目及公益捐款，其中，特许经营项目为公园运营管理提供了约 20%的经费支持（王永生，2010）；个人（志愿者）则是通过向基金会申请成为志愿者来参与到公园日常的管理工作中，他们是维持公园管理活动有序开展的主要动力（Kindberg et al.，2009）。

2.3.2　加拿大

2.3.2.1　历史发展

加拿大自 1911 年设立国家公园管理局（Parks Canada）以来，其国家公园管理体系一直走在世界前列。到 1971 年，加拿大政府才着手探索海洋公园发展理念，于 1983 年出台了第一个国家公园政策草案，并于 1987 年在安大略省的布鲁斯半岛建立了第一座国家海洋公园——加拿大五寻国家海洋公园（秦楠和王连勇，2008；谢欣，2008）。1994 年，加拿大遗产部颁布了《国家海洋保护区政策》，国家公园局也将“国家海洋公园”改名为“国家海洋保护区”（Parks Canada，2006）。同时，为了便于建设和管理，政府出台了国家海洋公园管理计划，该计划将加拿大周边的太平洋、北冰洋、大西洋和五大湖区域划分成了 29 个海洋自然保护区域（Parks Canada，2006）。

加拿大十分重视国家公园（含海洋公园）的前期确认工作，即国家公园前期的选址和建设。确定并建设新的公园是一个非常复杂的过程，大致包括 5 个步骤：①确定重要的自然地理区域；②通过论证，选择公园的备选方案；③评估公园建设的合理性和可行性；④商讨公园建设的相关协议；⑤依法建立新的公园。确定具有重要的自然地理区域的过程，是由国家公园管理局、地方政府、非政府组织及公众共同参与完成的（申世广和姚亦锋，2001）。此外，在加拿大国家海洋公园选划过程中，人类的影响程度和野生动物活动的范围决定了公园的大小（Rollins，1993；刘鸿雁，2001）。

2.3.2.2　建设与管理体制

在国家公园立法和行政管理方面，加拿大主要通过四级政府的立法，即国家级、省级、地区级和市级。其主要的法律依据是 1930 年的《加拿大国家公园法》和 1988 年修正通过的《国家公园行动计划》，它们规定了加拿大国家公园的建立必须得到上、下议院的许可，并通过行政管理体系核心——国家公园管理局具体负责实施（申世广和姚亦锋，2001；刘鸿雁，2001；谢欣，2008；肖练练等，2017）。

加拿大的每个国家公园均设有公园管理处，负责依法制定管理规划，规划需首要考虑公园的生态完整性，且必须每隔5年评估一次（Eagle，1993；罗亚妮，2015）。此外，加拿大每个国家公园（含海洋公园）都有适应于自身的具体管理计划，主要包括生态环境与自然资源保护、土地利用、旅游开发与管理等方面的内容（王恒，2011）。

在国家公园资源和游憩管理方面，法律上严格禁止公园内各种形式的资源开采，但在维护生态完整性的前提下，并不排斥在公园内开展旅游活动；同时，每个国家公园管理处均要对所有游憩活动造成的生态完整性影响进行评估，并在此基础上提出允许开展的游憩活动的类型（Locke，1997；谢欣，2008；肖练练等，2017）。

在公众参与方面，加拿大《国家公园行动计划》明确规定了必须给公众提供机会（社区居民、非政府组织、私人企业、科研机构等），使他们完全参与到公园政策管理规划中来（综合管理模式）；此外，国家公园管理局十分重视原住民在公园管理中的作用，积极与他们建立合作伙伴关系，重视原住民文化在生态完整性建设中的重要作用，允许部分原住民参与国家公园的巡视工作（罗亚妮，2015）。

2.3.3 澳大利亚

2.3.3.1 历史发展

澳大利亚建设有世界上最为庞大的海洋公园（保护区）系统，1937年，澳大利亚政府在昆士兰州的格林岛上建立了第一个国家海洋公园（EPA，2007）。此后，联邦政府，各州、地区政府都积极响应，相关的法律和管理制度不断完善，例如，联邦政府1975年的《大堡礁海洋公园法案》、1999年的《环境保护与生物多样性保护法案》、2003年的《大堡礁海洋公园分区规划》；昆士兰州1982年的《海洋公园法案》、1995年的《海岸保护和管理法》、2004年的《海洋公园法》等（谢欣，2008；梅宏，2012）。这些法律法规的出台进一步规范和提升了海洋公园系统的建设，并在国家层面上为其管理提供了法律依据。

2.3.3.2 建设与管理体制

1）管理模式

澳大利亚国家海洋公园管理分为地方自治管理模式和综合管理模式（颜利等，2015）。

根据澳大利亚联邦法律的规定，海洋公园的管理是根据设立的地理位置，由所属州、地区和联邦政府分别管理，或是共同管理。因此，除联邦政府以外，各州、地区也有自己的海洋公园网络和管理机构（谢欣，2008），具体如表 2-1 所示。

表 2-1　澳大利亚海洋公园政府管理机构

联邦政府及各州、地区政府	管理机构
澳大利亚联邦政府	环境水利遗产与艺术部；澳大利亚南极署；大堡礁海洋公园管理局
新南威尔士州	海洋公园管理局；环境与保护部；基础工业部
维多利亚州	可持续发展与环境部；维多利亚公园管理局
北部地区	自然资源环境与文化部；工业商业资源部
南澳大利亚州	环境与遗产部；基础工业与资源部
西澳大利亚州	环境与保护部；渔业部
塔斯马尼亚岛	基础工业水利与环境部
昆士兰州	昆士兰渔业局；环境保护处

来源：EPA，2007；谢欣，2008。

对于地方政府（州、地区）管理模式，联邦政府只负责立法和政策发布，州、地区政府的海洋公园管理机构则享有全部管治权；对于综合管理模式，如大堡礁海洋公园，则是根据相关法规和协定，由联邦政府、地方政府和当地土地所有者共同管理海洋公园（颜利等，2015）。

以大堡礁海洋公园的综合管理模式为例，大堡礁的管理主要由大堡礁海洋公园管理局负责，其业务经费主要由联邦政府拨款，昆士兰州政府也提供财政支持；昆士兰州环境保护处、昆士兰公园和野生动物管理局协同负责。大堡礁海洋公园管理局内部成立了大堡礁部长委员会和沿海水域委员会、生态系统委员会、原住民委员会和旅游与休闲委员会。管理局的职能主要是制定海洋公园分区规划和管理计划，针对海洋公园维护和发展向部长提出建议，独立进行或者协助科研机构进行针对大堡礁的调查研究等（梅宏，2012）。

此外，澳大利亚政府十分重视公众参与国家海洋公园的管理。早在 1991 年，政府就已经建立了海洋与海岸带社区网络计划和国家海洋教育计划，目的就在于提高公众的海洋意识，以及对海洋公园建设与管理的支持（刘洪滨和刘康，2006；车亮亮和韩雪，2012）。

2）管理制度

（1）多功能分区保护制度

根据 2004 年《大堡礁海洋公园分区计划》，大堡礁海洋公园划分为一般使用区、栖息地保护区、河口保护区、公园保护区、缓冲区、科学研究区、国家海洋公园区和保存区 8 个不同类型的管理区，其主要目的是针对不同区域因地制宜地对海洋公园内部进行分区规划，制定不同的管理政策，保护资源并减少冲突，从而达到协调各种人类活动的目的（梅宏，2012；赖鹏智，2013）。

（2）环境管理费用征收制度

鉴于大堡礁在世界自然生态环境中的独特地位，大堡礁海洋公园的管理和保护要投入大量的资金。为减轻联邦政府拨款压力，1975 年《大堡礁海洋公园法案》及 1993 年《大堡礁海洋公园（环境管理费用-消费税）法案》都详细规定了环境管理费用的征收制度，同时公园管理局还制定了环境管理费征收的实施细则（梅宏，2012）。环境管理费主要是向大堡礁海洋公园园区内进行的商业活动征收的，征税的主要对象是旅游业经营者（经大堡礁海洋公园管理局授权许可）及游客。环境管理费必须进入国库，并作为一项特别拨款返还给公园，直接用于公园的日常经营管理，包括教育、科研、日常巡逻和政策制定所需要的开支（梅宏，2012）。此外，值得一提的是，该环境管理费用征收制度的相关法律规定非常具体，避免了工作人员在执法过程中的随意性，也减少了执法过程中不必要的冲突和摩擦。

（3）船舶管理措施

在上述分区的基础上，《大堡礁海洋公园法》还详细规定了不同区域行驶船舶的吨位，强制所有经过大堡礁强制引航区域的船舶接受当地引航员的引航。外国船舶在经过该区域时，要向澳大利亚有关机构申请许可并遵守该法案的相关规定（梅宏，2012）。这一强制性规定在很大程度上保护了大堡礁海洋公园的生态系统，避免了公园海域船舶运行产生的环境威胁与生物入侵。

2.3.4 英国

2.3.4.1 历史发展

自 1949 年起，随着《国家公园和乡土利用法》《环境法》《国家公园法》等一系列法律法规的出台，英国政府于 1951 年率先成立峰区（Peak District）、湖区（Lake District）、斯诺多尼亚（Snowdonia）、达特姆尔（Dartmoor）4 个国家公园，并于 1952 年建立了第一个国家海滨公园——彭布罗克郡海岸国家公园（刘洪滨，1990；马洪波，2017）。截至 2017 年，英国累计建立了 15 个国家公园，其中，英格兰 10 个，占陆地面积的 9.3%；威尔士 3 个，占陆地面积的 19.9%；苏格兰 2 个，占陆地面积的 7.2%（马洪波，2017）。

2.3.4.2　建设与管理体制

英国的国家公园（含海洋公园）管理属于典型的分层多元综合管理模式，管理体系主要包括了英国政府中的环境、食品和乡村事务部、地方国家公园管理局、乡村委员会、英格兰自然署、地方议会、社团及社区居民等。

1）政府和国家公园管理局

国家公园管理责任主体主要是英国政府（环境、食品和乡村事务部）和地方国家公园管理局。英国政府通过立法确定国家公园的建立目的、发展蓝图，为地方国家公园管理局的具体管理提供宏观的指导。同时，政府通过立法的形式来规定管理局的建制、职责，从而实现对国家公园管理局的有效监管；各地方国家公园管理局则各自直接负责所在地国家公园的管理，并根据 1995 年《环保法案》的要求制定详细的管理计划书（至少每五年修订一次），确定国家公园的功能分区和具体的管理方案，领导其他相关主体共同进行管理（王江和许雅雯，2016；马洪波，2017）。

此外，相关法律要求每个国家公园管理局都必须设立一个标准委员会，主要协助、培训和监督成员及相关合作人员遵守行为准则，向管理局提交采用或修改行为准则的建议，并调查和处理违反行为准则的投诉，对确实违反行为准则的成员进行惩罚（王江和许雅雯，2016）；同时，国务大臣要求管理局必须每年就其履行职能的情况做总结汇报，并以此作为考核的重要依据（王江和许雅雯，2016；马洪波，2017）。

2）其他部门及团体

乡村委员会、英格兰自然署等协助国家公园管理局具体制定公园的规划及实施；地方议会、社团及社区居民依法参与国家公园规划制定及实施（马洪波，2017）。

3）体制特点

马洪波（2017）通过总结，归纳了英国国家公园的四大管理特点：①强化规划引领。英国大部分土地为私人所有，虽然国家公园内的土地权属多元，国家直接所有的土地占比不高，但通过立法和规划，国家公园管理局可以比较有效地控制土地的使用方向。②管理过程中利益相关者多元化。鉴于国家公园在管理过程中利益相关者的多元化，国家公园的成功将依赖于政府部门、国家机构、地方当局、私人企业、慈善组织、土地管理者和社区组织之间的紧密合作。③注重社区繁荣。地方公园管理局十分重视与地方社区及居民开展合作，因为社区居民不仅拥有保护生态的宝贵地方知识，而且被授权后能够在保护生态中发挥积极作用。④追求“四位一体”模式。英国在完成高度工业化建设的历程后，大量的土地都有人工化的痕迹，人造景观比比皆是，国家公园建设既不能让原住民迁出，也不能阻止人们来观光旅游（马洪波，2017）。因此，英国国家公园在管理中既注重保护生态环境，也注重把国家公园建设成为一个人们居住和工作的地方，同时还在环境容量允许的情况下积极发展旅游业等产业。追求“保护-生活-工作-游憩”四位一体，成为英国国家公园管理体系的一大特点（王江和许雅雯，2016；马洪波，2017）。

2.3.5 日本

2.3.5.1 历史发展

1911年，日本最早的两个国立公园——日光国立公园与富士山国立公园成立，直至第二次世界大战前（1939年），日本已确立了12处国立公园；“二战”结束后的1948年，日本成立了国立公园部，这标志着日本国立公园的发展真正步入轨道；1957年，日本出台了《自然公园法》，明确了自然公园体系包含国立公园、国定公园和都道府县立公园3种类型（猪狩贵史，2008）。国家公园包含国立公园（代表日本国家景观特征，拥有世界范围内杰出的自然景观）和国定公园（拥有仅次于国立公园的自然景观）（章俊华和白林，2002；苏雁，2009；张玉均，2014）。截至2015年，日本已确立国立公园共29处，总面积约2.09×10^6 hm^2，占国土面积的5.5%；确立国定公园共56处，总面积约1.36×10^6 hm^2，占国土面积的3.6%（马盟雨与李雄，2015）。

2.3.5.2　国家公园分区

根据《自然公园法》，依照国家公园（含海洋公园）风景品质、人类对环境的影响程度及游客使用的重要性等指标的不同（以海洋公园为例），国立（海洋）公园陆地部分分为普通区域和特别区域两类，海域部分分为普通区域与海中公园区域两类。其中陆地的特别区域和海域的海中公园区域是国立（海洋）公园中最核心的保护区，应当实施最严格的保护控制措施。特别区域再次细分为特别保护区、一类保护区、二类保护区、三类保护区 4 个级别，根据不同的级别（特别保护区保护与控制级别最高）依次实施相应的保护与控制措施（马盟雨与李雄，2015）。普通区域是除特别区域、海中公园区域之外的需要实施风景保护措施的区域，主要是发挥其对包括特别区域、海中公园区域和国立公园以外所有地区的缓冲与隔离的作用（真坂昭夫，2001；马盟雨与李雄，2015）。

2.3.5.3　建设与管理体制

根据《自然公园法》的相关规定，日本国家公园（国立公园和国定公园）的设立需要包括申报、审议、制定和管理等一系列的执行程序，最后由厚生大臣公布国家公园的选址及范围（大石武一等，1997；自然公园财团，2003）。

日本国家公园采取的管理体制属于综合管理模式，由环境大臣、环境省（自然环境局国立公园课、自然保护事务所）、都道府县知事（地方政府）、私有土地所有者、特有承租人、科研机构、公众等共同参与监督管理（颜利等，2015）。其中，国立公园的指定者是环境大臣，行政管理主体是环境省；国定公园的指定者也是环境大臣，行政管理主体是都道府县（马盟雨与李雄，2015）。日本国家公园相关事务均由环境大臣进行监督管理，并通过环境省自然环境局国立公园课及环境省在各地方设置的自然保护事务所对法律实施细则进行落实（真坂昭夫，2001；马盟雨与李雄，2015）。

此外，针对日本土地国有率较低、国家公园土地权属问题复杂的情况，日本政府通过一定程度上规范化的管理，对公园内旅游活动的内容、范围做出了严格规定，并对公园的基础设施、交通及户外娱乐制定了详细的规划和要求。此举在发挥环境省主导作用的同时，也充分调动地方政府、科研机构、特有承租人、社会团体及民众等的积极性，促使他们参与到国家公园的监督管理过程中来（马盟雨与李雄，2015）。同时，日本政府禁止公园管理部门制定经济创收计划，除部分世界遗产和历史古迹外，均不收取门票，公园运营管理的经费来自国家和地方政府的筹款（真坂昭夫，2001；自然公园财团，2003）。

2.3.6 小结

综上所述，上述各国（美国、加拿大、澳大利亚、英国、日本）国家（海洋）公园在建设与管理经验上存在如下特点。

（1）目前，上述各国国家（海洋）公园建设与管理体制主要采取了3种不同的方式，即中央集权型、地方自治型和综合管理型。

（2）美国是典型的中央集权型，公园属于联邦政府所有，并建立国家公园管理局-地方办公室-基层管理局三级管理机构；澳大利亚是既有地方自治管理型，也有综合管理型，除联邦政府以外，各州、地区也有自己的海洋公园网络和管理机构；英国、日本、加拿大国家公园在管理上介于以上两者之间，属于综合管理型，强调发挥中央政府、地方政府、科学机构、社会组织和社区的积极性，共同参与建设与管理。

（3）尽管在管理模式上存在着不同，但上述各国在国家（海洋）公园建设与管理体制上的共同点就是公园管理架构十分清晰、成熟及完善，每个层级均有相应的机构与相关团体（个人）参与或协助公园的管理工作，避免了管理职能的交叉重复，这就在一定程度上提高了国家（海洋）公园管理的力度和效率。

（4）上述各国国家（海洋）公园相关立法和管理政策完善而科学，如依法制定详细的公园管理计划、自然资源保护政策、公园区划政策等。同时，各层级管理机构对应的相关法律法规也十分健全和详细，这就避免了管理者（参与或协作）在执法过程中的随意性，使其管理过程有法可依，也在很大程度上减少了执法过程中不必要的冲突和矛盾，提高了执法力度和效率。

（5）上述各国都严格按照立法要求和明确的建园目标，对国家（海洋）公园开展科学选址和功能分区，制定宏观建设规划和详细的管理计划，这就有利于公园发展目标的精确定位，协调了公园发展和保护两者之间的矛盾，从而确保国家公园建设与管理不至于出现偏差、走入误区，也在一定程度上更有利于各层级法律法规和管理措施的具体落实。以加拿大为例，每个国家公园的管理计划书（包含功能分区、规划和管理措施等）都必须通过相关的可持续性评价（Sustainability Appraisal，SA）和战略环境评价（Strategic Environmental Assessment，SEA），从而对计划书可能给生物多样性、自然景观、文化遗产、气候变化、公众健康和福利的影响进行估测（王江和许雅雯，2016；马洪波，2017）。管理计划书前期的可持续性评价和战略环境评估将从源头避免或减缓决策失误，实现保护区区域经济-社会-环境的可持续性发展（吴侃侃，2012；Wu and Zhang，2016）。

（6）上述各国在国家（海洋）公园的经营管理方面均有充足的资金保障，资金的来源主要是政府的全额拨款或是政府拨款加上其他方式的资金投入。以美国为例，其资金来源的方式属于后者，公园运营管理的资金主要来自非政府组织及私营企业。其中，非政府组织是凭借自身的影响力和宣传手段从社会各界吸收资金和志愿者，通过国家基金会，提供给国家公园管理局；而私营企业则是通过向国家基金会缴纳特许经营项目费用和公益捐款，提供给国家公园管理局。

（7）上述各国在国家（海洋）公园建设与管理过程中都十分重视公众参与（如非政府组织、科研机构、私营企业和个人参与），在公园立法、政策制定及具体管理的过程中，尊重利益相关者的意见和建议，使其真正参与到公园管理决策过程中来。以日本、加拿大、澳大利亚为例，国家每年都会通过建立国家海洋教育计划或举办各种形式的活动来号召公众积极参与到公园的相关环境保护和自然美化工作中，公众参与不仅有利于国家（海洋）公园的管理，同时也会进一步加强公众对国家（海洋）公园的认识，提升公众保护自然资源的意识。

2.4　国内国家海洋公园建设实践与管理体系

本节在收集和归纳相关数据资料的基础上，阐述了当前我国国家海洋公园的建设与分布情况、行政管理构架，以及法律法规体系等，为后续章节中总结我国国家海洋公园建设与管理中存在的问题，提供相应的参考依据。

2.4.1　建设实践

从国家海洋局 2011 年 5 月 19 日发布第一批 7 处国家海洋公园（广东海陵岛国家海洋公园、广东特呈岛国家海洋公园、广西钦州茅尾海国家海洋公园、厦门国家海洋公园、江苏连云港海州湾国家海洋公园、刘公岛国家海洋公园、日照国家海洋公园）开始，截至 2019 年底，我国共建立国家海洋公园 48 处，总面积达 5 218 km^2，占全国海洋保护区总数的 17.7%，占全国海洋保护区总面积的 4.3%。可见，相比于其他海洋自然保护区和特别保护区，单个国家海洋公园的面积相对较小。我国单个国家海洋公园的平均面积为 108.7 km^2，其中面积最大的海洋公园为浙江嵊泗国家海洋公园，面积约为 549 km^2，面积最小的海洋公园为福建城洲岛国家海洋公园，面积为 2.25 km^2。我国国家海洋公园基本信息如表 2-2 所示。

表 2-2　我国国家海洋公园名录（自北向南）

序号	名称	批建年份	总面积/hm^2
1	辽宁大连长山群岛国家海洋公园	2014	51 939
2	辽宁大连金石滩国家海洋公园	2014	11 000
3	大连星海湾国家海洋公园	2016	2 540
4	辽宁大连仙浴湾国家海洋公园	2016	4 391
5	辽宁团山国家海洋公园	2014	447
6	辽河口红海滩国家海洋公园	2016	31 639
7	辽宁觉华岛国家海洋公园	2014	10 249
8	辽宁绥中碣石国家海洋公园	2014	14 634
9	锦州大笔架山国家海洋公园	2016	12 217
10	辽宁凌海大凌河口国家海洋公园	2016	3 149
11	北戴河国家海洋公园	2016	10 215
12	山东招远砂质黄金海岸国家海洋公园	2014	2 700
13	山东蓬莱国家海洋公园	2014	6 830
14	山东长岛国家海洋公园	2012	1 126
15	山东烟台山国家海洋公园	2014	1 248
16	山东烟台莱山国家海洋公园	2016	581
17	刘公岛国家海洋公园	2011	3 828
18	山东威海海西头国家海洋公园	2014	1 274
19	山东大乳山国家海洋公园	2012	4 839
20	青岛胶州湾国家海洋公园	2016	20 011
21	山东青岛西海岸国家海洋公园	2014	45 855
22	日照国家海洋公园	2011	27 327
23	江苏连云港海州湾国家海洋公园	2011	51 455
24	江苏小洋口国家海洋公园	2012	4 700
25	江苏海门蛎岈山国家海洋公园	2012	1 546
26	浙江嵊泗国家海洋公园	2014	54 900
27	普陀国家海洋公园	2016	21 840
28	浙江渔山列岛国家海洋公园	2012	5 700
29	浙江洞头国家海洋公园	2012	31 104

续表

序号	名称	批建年份	总面积/hm^2
30	玉环国家海洋公园	2016	30 669
31	宁波象山花岙岛国家海洋公园	2016	4 419
32	福建福瑶列岛国家海洋公园	2012	6 783
33	福建长乐国家海洋公园	2012	2 444
34	福建平潭综合实验区海坛湾国家海洋公园	2016	2 040
35	福建湄洲岛国家海洋公园	2012	6 911
36	福建崇武国家海洋公园	2014	1 355
37	厦门国家海洋公园	2011	2 487
38	福建城洲岛国家海洋公园	2012	225
39	广东南澳青澳湾国家海洋公园	2014	1 246
40	红海湾遮浪半岛国家海洋公园	2016	1 878
41	广东海陵岛国家海洋公园	2011	1 927
42	广东阳西月亮湾国家海洋公园	2016	3 403
43	广东特呈岛国家海洋公园	2011	1 893
44	广东雷州乌石国家海洋公园	2012	1 671
45	广西涠洲岛珊瑚礁国家海洋公园	2012	2 513
46	广西钦州茅尾海国家海洋公园	2011	3 483
47	海南万宁老爷海国家海洋公园	2016	1 121
48	昌江棋子湾国家海洋公园	2016	6 021

全国沿海 11 省（直辖市、自治区，不含港澳台地区）除天津市和上海市以外，均分布有国家海洋公园，其中山东省国家海洋公园总数最多（达 11 处）。国家海洋公园的保护对象是多样化的，涉及岛屿、滩涂、海湾、沙滩等自然地形地貌保护类型，也包括珊瑚礁、河口等典型海洋生态系统保护类型，还包括沿海城市滨海区域的整体性保护。

目前，我国国家海洋公园发展已经逐渐步入正轨，每个通过审批的园区都有一个共同的特点，就是在保护和恢复海洋生态环境的同时，适度开发园区资源，为游憩娱乐、海洋科技研发和海洋科普教育提供一个良好的平台，对国家海洋生态环境进行特别保护（王晓林，2014）。此外，从上述数据资料中可以看出，我国国家海洋公园的发展正在逐渐向世界上的强国靠拢，逐步完善国家海洋公园的建设。

2.4.2 管理体系

2.4.2.1 组织体系

1) 2018年3月前行政主管部门及职责

2018年3月前，国家海洋公园作为第四类海洋特别保护区类别，由国家海洋局负责监督管理，属于二级管理体系。根据《海洋特别保护区管理办法》的规定，国家海洋局负责国家级海洋特别保护区（含国家海洋公园）的监督管理，会同沿海省、自治区、直辖市人民政府和国务院有关部门制定国家级海洋特别保护区建设发展规划并监督实施；沿海省、自治区、直辖市人民政府海洋行政主管部门根据国家级海洋特别保护区建设发展规划，建立、建设和管理本行政区近岸海域国家级海洋特别保护区（含国家海洋公园）。

各地国家海洋公园会设立专门的管理机构负责公园的建设和日常管理事务。为了满足各项工作需要，管理机构的内部科室通常设立办公室、保护科、科研科、宣教科、社区科、资源利用与恢复科、管理站（点）、执法大队（支队）等，并有明确的职能和责任。例如，厦门国家海洋公园就成立了厦门国家海洋公园管理处，挂靠厦门市海洋与渔业局，具体负责厦门国家级海洋公园的建设、运营和管理工作。海洋公园管理处工作内容主要包括海洋公园的生态资源保护、科研监测、科普教育，基础设施建设、旅游开发管理等（颜利等，2015）。再如，广西涠洲岛珊瑚礁国家海洋公园的管理机构为“广西涠洲岛珊瑚礁国家海洋公园管理站”，隶属于北海市海洋局，主要职责包括制定并监督执行海洋公园的管理规章制度、提出和落实海洋公园发展规划和相关政策、负责公园基础设施建设和运营管理工作等（王恒，2015）。

综上所述，2018年3月之前，国家海洋公园的管理行为主要受到国家海洋局、地方海洋行政主管部门、地方政府、地方社区等主要因素的约束和影响，具体建设过程中还会涉及海洋、国土、旅游，文化、环保、建设、交通和水利等多个部门机构间的协调。

2) 2018年3月后行政主管部门及职责

2018年3月，国务院机构改革新组建自然资源部，将国家林业局的职责、农业部的草原监督管理职责，以及国土资源部、住建部、水利部、农业部、国家海洋局等部门的自然保护区、风景名胜区、自然遗产、地质公园等的管理职责进行整合，并新组建国家林业和草原局（加挂国家公园管理局牌子，隶属自然资源部），主要负责监督管理森林、草原、湿地、荒漠和陆生野生动植物资源开发利用和保护。

2018 年 9 月，国家林业和草原局新组建了自然保护地管理司，负责国家公园、自然保护区和自然公园等各类自然保护地的管理工作。其中，国家海洋局负责的海洋自然保护区、海洋特别保护区（含国家海洋公园）等海洋保护区的管理职责则由自然保护地管理司下设的海洋保护地管理处负责。

目前，各省（自治区、直辖市）林业和草原主管部门自然保护地处管理本行政区域内的海洋自然保护区；各级海洋特别保护区、国家海洋公园多数没有单独的管理机构，仍由地方海洋渔业主管部门代管。

2.4.2.2　法律和制度体系

1）法律体系

《中华人民共和国环境保护法》《中华人民共和国海洋环境保护法》《中华人民共和国海岛保护法》都对典型海洋生态系统、珍贵濒危物种的保护做了原则性规定，应当建立保护区来保护海洋生物、海洋生态系统、海洋自然景观及其文化风貌。

作为环境基本法，2014 年修订的《中华人民共和国环境保护法》对生态保护红线、各类保护区做出一般性规定，其规定也适用于国家海洋公园。该法第二十九条为国家海洋公园的建立提供了基本的法律依据，它明确了各级政府应当在具有特殊价值的代表性区域采取措施予以保护，其他法律法规中关于海洋公园的具体规定也是依据本条规定做出的。

我国于 1982 年制定并于 1999 年修订的《中华人民共和国海洋环境保护法》始终将海洋特别保护区的建设列入其中。2016 年新修订的《中华人民共和国海洋环境保护法》第二十三条明确了海洋特别保护区（含国家海洋公园）建设的基本条件和管理要求，从而为海洋特别保护区（含国家海洋公园）的建设和管理提供直接的法律依据。此外，《中华人民共和国海岛保护法》第三十九条也对海岛及周边设立海洋自然保护区或特别保护区（含国家海洋公园）做了一般规定。

2）管理部门规范性文件

2010 年，国家海洋局对 2005 年印发的《海洋特别保护区管理暂行办法》进行了修改完善，并形成了《海洋特别保护区管理办法》，其中包含了《国家级海洋特别保护区评审委员会工作规则》《国家级海洋公园评审标准》等配套文件。

《海洋特别保护区管理办法》正式将国家海洋公园纳入海洋特别保护区体系中，即国家海洋公园应从属于海洋特别保护区，应按照海洋特别保护区的相关规定对国家海洋公园进行管理。同时，《海洋特别保护区管理办法》对海洋特别保护区（含国家海洋公园）的建设规划与管理做出了具体规定，包括建区、功能分区、管理制度、保护、适度利用和法律责任等方面。

《海洋特别保护区管理办法》强调：①海洋特别保护区实行功能分区管理，可以根据生态环境及资源的特点和管理需要，适当划分出重点保护区、适度利用区、生态与资源恢复区和预留区；②在重点保护区内，实行严格的保护制度，禁止实施各种与保护无关的工程建设活动；在适度利用区内，允许适度利用海洋资源，鼓励实施与保护区保护目标相一致的生态型资源利用活动，发展生态旅游、生态养殖等海洋生态产业；在生态与资源恢复区内，可以采取适当的人工生态整治与修复措施，恢复海洋生态、资源与关键生境；在预留区内，严格控制人为干扰，禁止实施改变区内自然生态条件的生产活动和任何形式的工程建设活动。上述办法为国家海洋公园的建设、规划与管理提供了相应的制度依据。

3）地方性立法

在国家法律的基础上，地方政府制定了相应的地方性法规，如《山东省海洋环境保护条例》《江苏省海洋环境保护条例》《浙江省海洋环境保护条例》《福建省海洋环境保护条例》《广东省实施〈中华人民共和国海洋环境保护法〉办法》《海南省海洋环境保护规定》《山东省海洋特别保护区管理暂行办法》《舟山市国家级海洋特别保护区管理条例》《舟山市国家级海洋特别保护区海钓管理暂行办法》等。这些地方性法规进一步明确了地方如何在国家法律的基础上，建设、选划和管理海洋保护区，从而将海洋特别保护区内的活动纳入规范化管理轨道。

4）相关公约与政策

此外，海洋特别保护区（含国家海洋公园）已列入多个国际相关公约及国内相关政策之中，比如《生物多样性公约》《联合国海洋法公约》《中国21世纪议程》《中国生物多样性保护行动计划》等，这些公约及政策为我国的国家海洋公园建设提供了法律依据，各项工作开展有法可依、有章可循。

5）相关技术规范和标准

在上述法律法规的基础上，为了更好地开展国家级海洋特别保护区（含国家海洋公园）的选划建设与管理工作，目前已颁布了 1 项国家标准、2 项行业标准及 2 项规程。

《海洋特别保护区选划论证技术导则》（GB/T 25054—2010）：规定了包括国家海洋公园在内的海洋特别保护区选划论证工作的基本程序、内容、方法和技术要求，在论述自然环境状况和社会经济背景状况的基础上，分析资源开发利用存在的问题，重点阐述建设海洋公园的条件、功能分区、管理基础保障和综合效益（国家海洋局，2010c）。

《海洋特别保护区分类分级标准》（HY/T 117—2010）：将海洋特别保护区分为特殊地理条件保护区、海洋生态保护区、海洋资源保护区和海洋公园 4 类，各类又分为国家级和地方级两级（其中国家海洋公园只有国家级），并将具有重要历史遗迹、独特地质地貌和特殊海洋景观的分布区划为国家海洋公园（国家海洋局，2010a）。

《海洋特别保护区功能分区和总体规划编制技术导则》（HY/T 118—2010）：规定了海洋特别保护区功能分区的一般原则、方法、内容及技术要求，以及海洋特别保护区总体规划编制的一般要求、编写内容和工作程序。在论述海洋特别保护区建设现状及存在问题的基础上，重点确定海洋特别保护区的主导功能和各分区管理目标，同时规划基础设施、保护管理、生态修复、资源利用等重点建设项目（国家海洋局，2010b）。

《国家级海洋公园评审标准》规定了国家海洋公园评审的具体指标和指标的赋分标准，评审指标由自然属性、可保护属性和保护管理基础 3 个部分组成，其下共分为 13 项具体指标。自然属性包含典型性、独特性、自然性、完整性和优美性 5 项指标，满分为 60 分；可保护属性包含面积适宜性、科学价值、历史文化价值、经济和社会价值 4 项指标，满分为 20 分；保护管理基础包含功能分区适宜性、保护与开发活动安排合理性、基础工作和管理基础保障 4 项指标，满分为 20 分。

2.4.2.3　管理保障体系

1）资金保障

目前，我国国家海洋公园建设和管理的经费主要来源于政府财政支持，国家海洋局、各省海洋与渔业行政主管部门及国家海洋公园所在地政府部门在保护对象的管理与养护方面投入了大量的财力和物力。

根据《海洋特别保护区管理办法》，沿海县级以上人民政府海洋行政主管部门会同同级财政部门设立海洋生态保护专项资金，用于海洋特别保护区（含国家海洋公园）的选划、建设和管理，这部分资金主要用于基础设施建设和日常管理经费。国家海洋局从国家海洋生态保护专项资金中对国家海洋特别保护区的建设、管理给予一定的补助，一般以项目经费的形式予以支持。经费来源主要有中央分成海域使用金支出项目（环保类）资金，以及海洋生态修复及能力建设相关的专项资金（如蓝色海湾整治项目、南红北柳工程等），主要用于开展海洋特别保护区保护和管理能力建设、基础设施规划及建设、科研监测能力建设、宣传教育及制度规划编制等工作。

此外，未来国家海洋公园进行适当旅游开发带来的收益，以及社会捐赠资金都可以作为海洋公园的建设与发展的资金来源。

2）执法保障

目前，多数国家海洋公园没有成立专门的管理机构，一般由地方海洋与渔业部门对海洋公园进行日常管理，在此过程中，国家海洋公园所在地区的海监执法机构予以配合执法。巡护执法工作主要由中国海警地方支队负责，车船由支队下属的各大队负责提供，每月定期进行巡航监察并定期对海洋公园的海洋生态环境进行监测，巡航范围基本覆盖海洋公园区域。

3）科技保障

日常的科学调查、监测、监控和信息数据系统建设是提升国家海洋公园规范化管理水平和执法能力的科技保障。国家海洋公园的管理机构通过年度或定期组织开展关于水文气象、水质、沉积物、生物等指标的监测，掌握国家海洋公园内生态环境状况及主要保护对象状况，建立起完善的监测信息数据库，为决策、规划和管理部门完善国家海洋公园的建设与管理提供科学基础。另外，各国家海洋公园还会建立并定期维护自己的网站或网页，及时发布和更新相关预报和环境状况信息，便于市民游客了解与查询，也便于开展海洋公园的科普宣传与环保教育工作。

第3章 我国国家海洋公园建设与管理存在的问题和启示

在第2章国内外国家海洋公园建设实践与管理体系现状的基础上，本章总结了当前我国国家海洋公园建设与管理过程中所存在的问题和制约因素，并根据国外的相关经验和当前我国现存的问题，提出今后我国海洋公园建设与管理的有关启示，为后续海洋公园建设与管理机制的设计和构建，以及保障机制的实施提供相关的参考依据。

3.1 当前存在的问题

3.1.1 分布的空间结构不合理

与美国、加拿大等发达国家相比，我国保护区建设工作起步较晚，尚未与国际接轨，保护区类型仍然是以保护陆地生态系统为主，海洋类型的保护区较少。目前，我国已建有271个海洋保护区，仅占我国管辖海域面积的4.1%（上海交通大学，2020）。作为海洋保护区的一种重要类型，国家海洋公园面积仅占全国海洋保护区面积的4.3%（上海交通大学，2020），国家海洋公园总体面积仍偏小，分布不平衡。

虽然我国当前正逐步完善国家海洋公园的建设，但从上述数据可以看出，目前我国国家海洋公园的建设在全国管辖海域范围内尚不能构成有效的保护网络，总体尚未形成与生态环保需求和经济社会发展形势相对应的分布格局。此外，各地国家海洋公园的建设发展并不平衡，因各地基础条件和发展意愿不同，一些具备较好建园条件的区域，目前还尚未划进国家海洋公园。由于按照传统观念，即在经济发展为首要任务的大背景下，建设与管理的国家海洋公园在一定程度上会阻碍沿海区域经济的正常发展，因此，存在着中央在积极倡导国家海洋公园建设，而地方政府却往往以当地经济利益来衡量是否需要设立国家海洋公园的现象。

3.1.2 经费和基础保障能力不足

经费和基础保障能力不足是制约国家海洋公园发展的重要因素，也是我国国家海洋公园在建设与管理过程中普遍面临的问题。本节在参考国家海洋公园相关研究基础上（王晓林，2014），根据国家海洋公园的特点，对国家海洋公园建设与管理资金需求内容进行了阐述，具体如表 3-1 所示。

表 3-1　国家海洋公园建设与管理资金

经费需求方面		经费使用目的
国家海洋公园建设	基础设施建设	交通、电力、通信、给排水、垃圾处理设施
	海洋环境保护工程	保护站点建设，生物栖息地、自然景观及人文遗迹等改善及恢复工程
	海洋科普教育工程	管理人员培训、科普教育宣传设施
	旅游休憩工程	生态旅游项目开发、游客服务中心、医疗急救中心、安全卫生设施、引导标识设施
	社区建设与改造	对国家海洋公园所在社区进行发展和改造
运营和管理	日常管理	园区管理机构日常开支、管理人员工资发放
	生态环境保护监测	日常环境监测、生态环境保护和修复活动经费
	市场推广及宣传	宣传材料制作、市场推广活动费用
	生态补偿	对因国家海洋公园建设而失去维持生计手段的社区居民进行经济上的补偿；对国家海洋公园生态环境保护做出贡献的单位或个人进行补偿

根据表 3-1 所示，国家海洋公园在建设及运营两方面对资金都存在较大需求，资金不足是制约国家海洋公园建设的重要因素之一，建设费用的短缺会影响国家海洋公园的建设进度，运营管理费用的短缺则会严重影响国家海洋公园日常的正常运转。例如，首批国家级海洋公园中的茅尾海国家海洋公园就因为资金不足的原因，建设项目停滞近 3 年之久，建设进程一度缓慢（王晓林，2014）。

此外，由于经费的缺乏，我国许多国家海洋公园的监测、管护、巡护装备、设施建设等基础保障能力都较为薄弱，这就导致国家海洋公园的保护水平、执法效率和管理能力都受到一定程度的影响。因此，国家海洋公园建设与管理体系要正常运转，经费及相关的基础保障能力是必不可少的推动力。

根据《海洋特别保护区管理办法》（国海发〔2010〕21 号）第八条的规定，目前国家海洋公园建设与管理经费基本依赖中央财政与地方财政，国家海洋公园管理人员薪酬及公园运营经费已经纳入地方财政预算。然而，在我国当前以经济建设为首要任务的前提下，地方政府的财政投入首先会在考虑当地社会经济的建设情况的基础上再进行适当调整，加之国家海洋公园在我国发展较晚，公众对国家海洋公园建设所发挥功能的意识还不够深刻，甚至产生排斥心理，这就使政府在协调国家海洋公园生态环境保护和自然资源开发利用方面比较困难，从而导致有的国家海洋公园在基础设施建设与管理、生态环境保护、生态旅游发展、宣传教育等方面，都因为资金投入不够而停滞不前，需要进一步加大投资力度才能顺利开展。

3.1.3　保护与开发矛盾突出

当前，各地不合理开发利用海洋的违法违规建设现象依然存在，围填海、港口码头大桥建设、油气开发、养殖等建设项目与国家海洋公园建设之间的矛盾较为突出。如何在不损害可持续发展的原则下正确处理海洋保护与资源开发的矛盾，是目前我国海洋保护区建设和管理的普遍难题。

目前，我国部分国家海洋公园建设项目缺乏统筹，开发利用活动增多，国家海洋公园保护力度不大，生态环境和自然景观质量下降，国家海洋公园保护建设与当地经济社会发展还存在一定的矛盾和制约；同时，部分国家海洋公园所在地为达到保护自然资源和生态环境的目的，并未大规模利用旅游资源开展生态旅游活动，导致了生态旅游业收益投入国家海洋公园基础设施建设、环境保护与监测等方面的经费相对欠缺，从而影响了国家海洋公园生态环境保护的可持续性（王晓林，2014；张广海和朱旭娜，2016）。

因此，国家海洋公园的管理者们都在不停地探寻保护与开发之间的平衡点，不能一味地遵循“只保护，不开发”或者“重开发，轻保护”，要根据国家海洋公园自身的特色条件，力图能够妥善化解海洋生态环境保护与自然资源开发利用之间的矛盾，在保护的前提下，适度地开发，以达到国家海洋公园“经济上独立”，从而维持国家海洋公园生态环境与社会经济的可持续性发展。

3.1.4　立法工作滞后

我国现在已经基本建立了环境保护法律体系，其中包括了自然保护区、风景名胜区、森林公园等相关法律法规，但国家海洋公园立法方面的工作还相对滞后（王恒，2015；祝明建等，2019）。

尽管当前我国已陆续颁布了《中华人民共和国海洋环境保护法》《中华人民共和国海岛保护法》《中华人民共和国海域使用管理法》《海洋自然保护区管理办法》《海洋特别保护区管理办法》，以及《海洋特别保护区规范化建设与管理指南》等，但上述这些法律只是对国家海洋公园做出了原则性的规定，针对国家海洋公园的具体立法和管理办法（条例）尚待充实，需要一部专门的国家海洋公园法律来确保其自然资源利用与生态环境保护的法制化，作为国家海洋公园建设与管理的有力保障（王恒等，2011；王恒，2015）。

3.1.5 管理制度不健全

2018 年 3 月前，除了国家海洋局系统之外，国家环保系统、林业系统、国土资源地质系统、农业部渔业系统也分别管理着不同的海洋保护区，是当时我国海洋管理体制的主要特点。多部门管理在我国海洋保护区建设与管理过程中存在诸多弊端。以往海洋环境管理往往以海洋资源开发与利用为主要目的，以经济效益和部门利益为主要衡量标准，这给海洋管理者带来了极大的挑战，也容易使海洋生态环境保护这一重要的管理目标产生偏离。

2018 年 3 月后，国务院机构改革新组建自然资源部，下设国家林业和草原局（加挂国家公园管理局牌子），各类海洋保护区［海洋自然保护区、海洋特别保护区（含国家海洋公园）］也纳入国家林业和草原局进行统一管理。以此为新的起点，在管理体制上，将从根本上逐步解决国家海洋公园不同管理部门的交叉重叠等问题，促进国家海洋公园管理体制的综合发展。

尽管如此，当前我国国家海洋公园具体的管理模式仍然处于探索阶段，至今仍然没有一个较为系统的体系模板可供管理者参考，各地区仍然根据自身情况进行灵活管理（马盟雨和李雄，2015；张广海和朱旭娜，2016；祝明建等，2019）。从本书第 2.4 节我国国家海洋公园建设实践与管理体系的相关内容可知，当前多数国家海洋公园管理机构仍然不健全，虽然在国家层面由国家林业和草原局自然保护地管理司下设的海洋保护地管理处统一负责监管，但在地方仍没有独立、统一的管理机构，仍由地方自然资源主管部门或海洋渔业主管部门代管。

3.1.6　管理力度不足

由于国家海洋公园地处沿海或者海岛，其特殊的地理条件决定了国家海洋公园对于基础设施和科研水平的要求相对较高。当前，由于管理经费缺乏，我国大部分国家海洋公园都存在着缺机构、缺人员、缺少必要的管护设施和巡护设备，保护区基础设施不匹配，资源环境底数不清，科研监测工作没有定期开展等问题。

同时，国家海洋公园开展自然资源和生态环境的保护，需要一支执法装备精良、执法水平较高的海洋执法队伍。目前，我国大部分国家海洋公园中的工作人员都是由当地一些专业技能不强的居民担任，没有经过系统的教育和培训，无法满足执法人员的要求，而且因为经费紧张的问题，一些基础设施和科研项目无法支持海洋执法高效地进行，保护区管理能力和监管力度有待提高（王晓林，2014）。

3.1.7　科研工作滞后

近年来，中央及沿海各级政府加大了对国家海洋公园的投入力度，在一定程度上缓解了国家海洋公园建设与管理的经费压力。然而，鉴于海洋生态环境较为复杂的特点，使得一些国家海洋公园日常科研与管理费用尚显短缺，日常科研、监测及管理工作未能得到有效落实（曾江宁，2013）。

此外，在当前经济快速发展的宏观形势下，一些地方的领导和群众对国家海洋公园建设与管理的认识并不高，缺乏主动性和积极性，地方政府财政首先是用于国家海洋公园所在区域的自然资源开发利用与经济社会建设发展方面，这就导致各地国家海洋公园在科学技术能力、科研监测新设备更新和科研经费投入等方面远远不够，高端人才引进方面同时也受到了经费的影响，一些科研项目因为人才和资金的双重阻力一直停滞不前，国家海洋公园的相关科技研发与学术研究工作无法得到顺利开展。

3.1.8　公众参与度较低

由于我国的环境保护事业和国家海洋公园发展起步较晚、尚不成熟，因此，人们的海洋生态环境保护意识还比较薄弱，对国家海洋公园概念和内涵的认知还不够明确，容易将其与国家森林公园、国家地质公园等概念混淆起来。

此外，公众对自然人文资源和环境保护的参与程度较低，导致了在现有国家海洋公园建设与管理过程中产生了一些矛盾与困难，国家海洋公园管理体制的建设与改善行动较为缓慢，国家制定的国家海洋公园政策与管理制度执行力度和效率较低。

3.2 现存问题的启示

根据上述我国当前国家海洋公园建设与管理研究和实践中所存在的问题及国外海洋公园建设与管理的相关经验，并结合我国实际情况，笔者认为，未来我国国家海洋公园的建设和管理相关的研究和实践应该主要集中在推进国家海洋公园网络体系建设、拓宽融资渠道、统筹开发与保护关系、完善法律法规、深化国家海洋公园管理机制研究、提高国家海洋公园管理能力、提高科研监测水平、增强公众海洋意识教育八个方面来开展。

3.2.1 推进国家海洋公园网络体系建设

与国外发达国家相比，目前我国国家海洋公园建设还相对落后，国家海洋公园面积仍偏小，分布不平衡，在全国管辖海域范围内尚不能构成有效的保护网络，不能满足海洋生态环境保护和社会经济可持续性发展的需求与形势。因此，我们应当借鉴国外成功的经验，通过严格把控国家海洋公园选址，制定详细的国家海洋公园管理计划，编制国家海洋公园建设发展规划，对国家海洋公园实行科学选址、规划、统一管理，坚持保护优先、适度利用的原则，采取科学、合理、有效的措施，通过进一步增加国家海洋公园面积和总体规模、平衡海洋公园分布，努力构建合理有效的国家海洋公园网络体系，从而达到合理开发和利用海洋资源、保护和恢复海洋生态环境的目的，促进国家海洋公园所在区域社会、经济、环境的可持续发展。

3.2.2 拓宽融资渠道

资金的不断注入，是今后国家海洋公园建设和管理得以不断发展和完善的基础。在资金不足的情况下，国家海洋公园的部分功能难以实现，建设与运营管理则难以可持续发展。例如，当前我国国家海洋公园内存在着基础设施建设薄弱、环保科研监测缺乏，以及环境管理力度落后等问题（王晓林，2014；颜利等，2015）。

面对上述情况，我们必须进一步开辟新的资金来源，拓宽融资渠道，在国家提供更多资金支持的同时，充分利用社会资源，吸收来自社会各界（企业、非政府组织等）的资金。例如，可以在国家海洋公园园区内适度发展海洋生态旅游、生态养殖等项目进行自主创收；此外，还可以通过争取社会团体或个人捐助、国际公益资金、国家生态文明建设基础科研立项、海洋生态补偿费用等形式的资金投入来弥补当前国家海洋公园建设与运营管理资金不足的问题。

3.2.3　统筹开发与保护关系

开发过程改造了自然环境的同时，也获得了经济效益。同时，经济效益也为自然环境保护提供了资金，并且改善了当地居民的生活水平，带动当地经济水平的发展。尽管如此，如果开发过度，保护不及时，就会造成自然环境的永久性破坏（王晓林，2014）。因此，开发和保护两者即相互矛盾，但也相辅相成、互为补充。

国家海洋公园具有集旅游、科研、教育、生态环境保护为一体的特征，这一特征也决定了在国家海洋公园建设和管理的过程中，如何协调国家海洋公园开发与保护的关系，处理好两者的矛盾，是十分关键的制约因素。因此，在国家海洋公园自然资源的开发利用与生态环境保护过程中我们应做到：

（1）坚持科学规划、统一管理、保护优先、适度利用的原则；

（2）借鉴国外成功经验和研究成果，在开发前需要科学选址和划定国家海洋公园的范围和面积，合理确定开发的程度、规模和目标，在确保海洋生态系统安全的前提下，根据自然地理属性和规划目标，以资源定位为原则，将开发的自然区域进行功能分区，并明确在各自区域内开展与国家海洋公园内保护目标相一致的生态型资源开发利用活动；

（3）正确处理保护和开发、眼前和长远、局部和整体利益的关系，妥善处理国家海洋公园与当地群众、社区等利益相关者的关系，减少人类活动对国家海洋公园所在区域造成的影响，争取自然资源在开发利用过程中能给当地居民带来效益（资源效益、生态效益、社会效益和经济效益），协调利益相关者之间的关系，进一步将开发利用自然资源的原住民转化为保护自然资源的有生力量，通过社区居民的力量来协调保护与开发的矛盾。

3.2.4 完善法律法规

法律法规是推动国家政策实施的基础与保障，国家海洋公园的建设与管理同样需要强有力的配套法律法规体系的支撑。国外发达国家（如美国、加拿大、英国、日本等）（海洋）公园的建设与管理之所以比较成功，是因为其完善的法律法规在公园的建设与管理过程中发挥着重要的作用。这些法律法规的出台不仅规范和提升了海洋公园系统的建设，并为其管理提供了法律依据，而且在海洋公园的管理过程中避免了管理者在执法过程中的随意性，使其管理过程有法可依，提高了管理的力度和效率。

我国国家海洋公园相关工作起步较晚，虽然目前我国已相继出台《中华人民共和国海洋环境保护法》《中华人民共和国自然保护区条例》《海洋自然保护区管理办法》《中华人民共和国海岛保护法》等法律法规，但只是对海洋生态环境保护做出原则性规定，有关国家海洋公园的管理办法和规章制度尚属空白（王恒等，2011；张广海和朱旭娜，2016），有关国家海洋公园具体的法律和管理办法仍有待于进一步完善。

因此，我们要在借鉴国外成功经验的基础上，参考已出台的《海洋特别保护区管理办法》《浙江省海洋特别保护区管理暂行办法》《山东省海洋特别保护区管理暂行办法》《舟山市国家级海洋特别保护区管理条例》等部门与地方的立法及规范性文件，结合《海洋特别保护区选划论证技术导则》（GB/T 25054—2010）及《海洋特别保护区功能分区和总体规划编制技术导则》（HY/T 118—2010）等相关技术规范和标准，并在广泛调查、征求意见与综合研究的基础上，参考目前自然保护区“一区一法”的思路，开展有关国家海洋公园立法及配套管理办法（或具体条例）等管理制度体系的研究，明确我国国家海洋公园的法律地位及依据，及时颁布与国家海洋公园相关的管理制度，对海洋生态环境的保护与管理、海洋保护的投入与生态补偿、保护与开发的关系调节等进行统一的规定与协调，通过立法进一步规范国家级海洋公园的建设与管理。

3.2.5 深化国家海洋公园管理机制研究

2019 年，《指导意见》指出：“建成中国特色的以国家公园为主体的自然保护地体系，推动各类自然保护地科学设置。”从空间维度来看，将所有自然保护地纳入统一管理，将有利于解决保护地空间规划重叠的问题，为保护地的整体保护和系统修复提供制度保障。我们应以此作为新的起点，借鉴国际成功经验，并结合我国实际，通过设计和构建统一、规范、高效的国家海洋公园管理体制，从根本上解决国家海洋公园管理多部门交叉重叠等顽疾，形成国家层面统管全局，自上而下、统一监管的垂直管理模式，从而实现国家海洋公园科学有效的管理。

此外，当前国家海洋公园的建设与管理过程中很少考虑到对当地社区居民的影响，同时也很少重视当地社区居民对国家海洋公园建设与管理所发挥巨大作用的研究（车亮亮和韩雪，2012；王恒，2015；张广海和朱旭娜，2016；祝明建等，2019）。社区居民是国家海洋公园建设管理中主要劳动力的供给者，也是公园环境保护的天然监督员（张广海和朱旭娜，2016），综合考虑当地社区居民的利益，使其积极参与到国家海洋公园的开发、选址、规划、建设及经营管理等重大事宜中，将对国家海洋公园建设与管理的可持续发展发挥十分重要的作用。

因此，在国家海洋公园管理机制制定过程中，应开展以社区居民为代表的利益相关者之间关系协调的研究，充分重视社区居民和其他利益相关者在国家海洋公园建设与管理中发挥的重要作用，并将其在相关管理机制中充分体现。

3.2.6　提高国家海洋公园管理能力

在当前已有的研究成果中，明确涉及国家海洋公园的相关法律政策研究较少。国家海洋公园作为国家公园体制的重要形式，在管理体制、法律政策方面研究要引起足够的重视，国家、政府应适时出台相应的法律、政策来辅助国家海洋公园管理层之间的协调，明确管辖权，从而进一步提高国家海洋公园管理水平和能力。

同时，现阶段造成我国国家海洋公园管理水平落后的另一个主要原因是工作人员管理水平低、基础设施配套不完整及管理制度不健全。因此，国家海洋公园需积极拓宽融资渠道，努力争取并获得充足的建设与运营管理资金，并在此基础上通过各方面的努力来提高公园的管理水平，主要包括建立健全的国家海洋公园管理制度，在参考《国家级海洋特别保护区规范化建设与管理指南》等相关技术规范的基础上，指导各地加强保护区基础设施和能力建设，对管理机构人员实施培训上岗，完善管理人员自身素质，提高国家海洋公园的综合管护能力。

3.2.7 提高科研监测水平

总体而言，目前我国国家海洋公园的基本研究取得了一定的成果，主要集中在概念、保护等宏观层面，个别具体问题的深入研究相对缺乏。因此，在科学研究方面，我们需要借鉴国外成功的经验，在目前所取得成果的基础上，进一步开展更加深入的研究，例如，制定一套科学系统的国家海洋公园功能分区及对应的指标体系，定期开展国家海洋公园现状监测和评估，开展国家海洋公园生态完整性评价，制定国家海洋公园管理绩效评估指标体系等，从而更好地为国家海洋公园的建设与管理提供基础的科学参考依据。

此外，我们应该通过各种渠道（本书第3.2.2节）进一步加大国家海洋公园科研基础建设的资金投入，在各国家海洋公园成立相应的科研机构，建立科研监测队伍，完善各种科研基础设施（如监测船、科研实验室、试验场等），从而更好地对国家海洋公园范围内的自然资源和生态环境进行定期的调查、监测，掌握国家海洋公园区域范围内开发利用活动对生态环境造成的影响，切实保障国家海洋公园内自然资源和生态环境安全。同时，我们还应在科研立项和经费安排方面进行统筹安排，为国家海洋公园科普教育和保护研究提供必要的支持。

3.2.8 增强公众海洋意识

国家海洋公园的建设与管理是一项社会性、群众性及公益性很强的工程，应该把增强公众海洋意识、提高公众参与度作为国家海洋公园建设与管理的一项重要保障。

当前，我国民众及社会对于海洋的认识还处于较低的层次，因而导致海洋资源被大量破坏；同时，国家海洋公园管理机构部分工作人员和管理者的海洋意识也没达到相应要求，在公园的管理及海洋工作方面做得不到位，造成了国家海洋公园的建设与管理出现一些矛盾与问题（王晓林，2014）。

因此，我们需要不断增强公众海洋意识教育，加强海洋知识普及和公众参与，树立正确的海洋可持续发展观念。一方面，增强公众海洋意识有助于国民提升对国家海洋公园的认知度，充分理解国家海洋公园建设给区域社会经济和海洋生态环境保护带来的好处，自觉自发地形成对自然资源和生态环境保护的意识，进一步获取社会对国家海洋公园建设在资金上的支持；另一方面，提高公众参与度，构建并完善社区共建共管制度，这样才能使公众对国家海洋公园的相关立法、政策与管理制度有更为深刻的理解和支持，从而更加自觉地遵守相关的法律法规，从一定程度上减少了国家海洋公园建设与管理的难度，提高了管理的效率，并有助于国家海洋公园现存矛盾与困难的改善和解决。

第4章　国家海洋公园建设与管理机制设计和构建

本章在借鉴国内外海洋公园建设与管理相关经验的基础上，针对我国国家海洋公园建设与管理现存问题及其给予我们的启示（第3章），提出了我国国家海洋公园建设与管理的原则，设计和构建了我国国家海洋公园建设与管理机制的内容框架。

4.1　建设与管理的原则

4.1.1　可持续发展原则

1992年，联合国环境发展大会所确定的可持续发展原则，是人类与资源和环境关系的普适性原则（吕彩霞，1996），可持续发展对于国家海洋公园的建设与管理而言，既是其宗旨，也是其首要工作原则。

为此，对国家海洋公园的建设与管理，首先，要对公园所在区域的自然资源、社会经济、生态环境开展现状评价，确定保护目标和保护等级，为后期公园的建设与管理工作奠定基础；其次，国家海洋公园建设与管理的制约因素是区域的自然条件、社会经济和生态环境之间的协调和平衡，国家海洋公园的建设与管理目标必须确保达到这三个相互密切关系的平衡；再次，在落实保护目标的基础上对国家海洋公园进行开发和利用，禁止影响和破坏目标的开发利用活动，实现自然资源-社会经济-生态环境三者的可持续性发展。

4.1.2　综合管理原则

在1995年生物多样性公约缔约国大会上，对管理机构提出的主要任务之一是：“海洋及沿海区域的综合管理是人类保护及持续利用海洋和沿海生物多样性的最合适的框架，需进一步加强与完善海洋及沿海区域综合管理的立法工作。”至此，对海洋实行综合管理已成为当今世界海洋管理的主流（刘大海等，2019）。

国家海洋公园作为一种新型的海洋及海岸带区域综合管理模式，更应该遵循综合管理的原则。国家海洋公园的综合管理是管理的高层次形态，是以国家海洋公园的整体利益为目标，通过发展战略、政策、规划、区划、立法、执法，以及行政监督等行为，对国家管辖海域的空间、资源、环境和权益，在统一管理与分部分级管理的体制下，实施统筹管理，以达到提高国家海洋公园开发利用的系统功效、实现海洋经济-社会-资源环境的协调发展，保护海洋生态环境和国家海洋权益的目的。

目前，我国国家海洋公园大多依托陆域，特别在陆海统筹方面，仍存在多部门管理、管理职权交叉重复、管理体制机制不顺等问题；同时，随着国家社会经济的发展，部分国家海洋公园开发利用活动增多，保护力度不大，生态环境和自然景观质量下降，国家海洋公园保护建设与当地经济社会发展还存在一定的矛盾和制约，利益相关者之间的矛盾也在不断加剧。

因此，我国国家海洋公园的建设与管理应该坚持综合管理的原则，国家海洋公园的管理部门应负责对公园所在区域内一切开发利用活动进行全面平衡和协调，既要考虑对环境资源的影响，又要考虑与其他开发利用的兼容关系，以及区域内布局与生产结构的合理性。只有坚持并遵循综合管理的原则，才能处理好国家海洋公园建设与管理中的各种矛盾和问题，从而完成国家海洋公园建设与管理任务。

4.1.3　综合效益原则

综合效益包括四个方面，即经济效益、社会效益、资源效益和生态环境效益。国家海洋公园坚持综合效益的原则，是指以上四个效益的统一协调，而不仅仅是指实现其中的某几个效益。

在综合效益中，资源效益和生态环境效益尤为重要，因为资源效益和生态环境效益在某种程度上更具有现实性和长远性；同时，在实现自然资源和生态环境保护目标的前提下，也应以自然资源承载力为基础，适度开发国家海洋公园所在区域的自然资源，实现国家海洋公园建设与管理所带来的社会效益和经济效益最大化。此外，综合效益也应该考虑近期效益和长远效益的统一，不能只重视近期效益，忽视长远效益，从可持续发展原则的角度上来说，我们更应该重视国家海洋公园建设与管理所带来的长远效益。综上所述，综合效益与国家海洋公园建设与管理的目标是紧密相连的，没有实现综合效益的协调统一，国家海洋公园也将失去其建设的意义。

4.1.4 动态监测与评价原则

海洋环境和自然资源是一个复杂、变动的自然系统，无论任何模式的管理，都难以避免不确定因素及风险的发生（吴侃侃，2012；Wu et al.，2014；Wu and Zhang，2016）。因此，国家海洋公园要建立适宜的预警、监测和评价系统，通过跟踪监测、调查资料分析及公园生态环境管理的后评估，研究国家海洋公园建设过程中，以及建设过程后其自然资源和生态环境发生的变化，并对此进行预测评价，分析其发展变化的趋势，结合预警原则，及时地采取避免或减缓风险发生的对策措施，维护并实现保护区的建立和管理的最终目标。

4.1.5 法制原则

国内外的经验告诉我们，国家海洋公园建设和管理能够顺利开展，其核心是制定和实施有关的法律、法规和制度，因为法律、法规及相关的管理制度是推动国家海洋公园建设与管理顺利实施的基础与保障。

国外国家（海洋）公园的建设与管理之所以比较成功，是因为其完善的法律法规在公园的建设与管理过程中发挥着重要的作用。制定颁布我国国家海洋公园相关的法律法规后，就要以法律为手段，切实贯彻实施好，做到有法可依、有法必依、执法必严、违法必究，通过立法进一步规范我国国家海洋公园的建设与管理。

4.2 建设与管理机制内容框架

从上述国外国家（海洋）公园建设与管理的经验可以看出，国家（海洋）公园建设与管理是否成功、是否能充分发挥它应有的作用，主要取决于以下几点：①根据公园所在区域特点，明确建设目标和必要性；②科学选址和功能分区；③制定科学详细的规划和管理计划；④平衡与协调开发建设与生态环境保护的关系；⑤完善的法制化环境；⑥系统的公园体系，包括科学合理的管理机制与政策保障；⑦多渠道且充足的建设与管理经费；⑧积极有效的公众参与。

根据国家海洋公园建设与管理的原则，结合国际成功经验，以及当前我国国家海洋公园建设与管理中存在的问题及给予我们的启示，在参考我国《海洋特别保护区管理办法》（国海发〔2010〕21 号）、《海洋特别保护区选划论证技术导则》（GB/T 25054—2010）（国家海洋局，2010c）、《海洋特别保护区功能分区和总体规划编制技术导则》（HY/T 118—2010）（国家海洋局，2010b），以及《海洋特别保护区分类分级标准》（HY/T 117—2010）（国家海洋局，2010a）等相关政策规定和技术规范的基础上，主要从以下 5 个方面来设计与构建国家海洋公园建设与管理机制框架（图 4-1）。

（1）国家海洋公园建园的依据及目标确定，包括建园的背景、依据、条件、必要性分析、可行性分析及总体目标。

（2）国家海洋公园开发与保护协调发展机制。

（3）利益相关者参与和反馈机制。

（4）国家海洋公园建设机制，包括选址机制和规划机制。

①国家海洋公园的选址机制。主要包括了区域现状（区域自然环境、资源开发利用、社会经济现状）及存在问题、选址原则、选址标准、预选地址评价与相关规划符合性分析、公园选址与范围的确定、公园功能区划等。

②国家海洋公园的规划机制。主要包括了海洋公园的建设现状及存在问题、规划目标及主要内容（主要包括了规划总则、规划布局、专项规划及分区管控要求）、建设规划举措（或称建设保障措施）等。

（5）国家海洋公园的管理机制。主要包括了国家海洋公园立法与政策保障、组织管理体制、分区管理制度、生态补偿制度、管理资金保障制度、科研和人力机制、社区共管制度，以及其他管理措施等。

根据上述设计与构建的我国国家海洋公园建设与管理机制的内容框架，除国家海洋公园建园依据及目标确定（国家海洋公园建设与管理的前提和基础）在本章第 4.3 节简要阐述外，本书将在后续的第 5 章至第 8 章中分别详细阐述框架中 4 个机制［上述（2）~（5）点］，即开发与保护协调发展机制、利益相关者参与和反馈机制、国家海洋公园建设机制和国家海洋公园管理机制的主要内容。

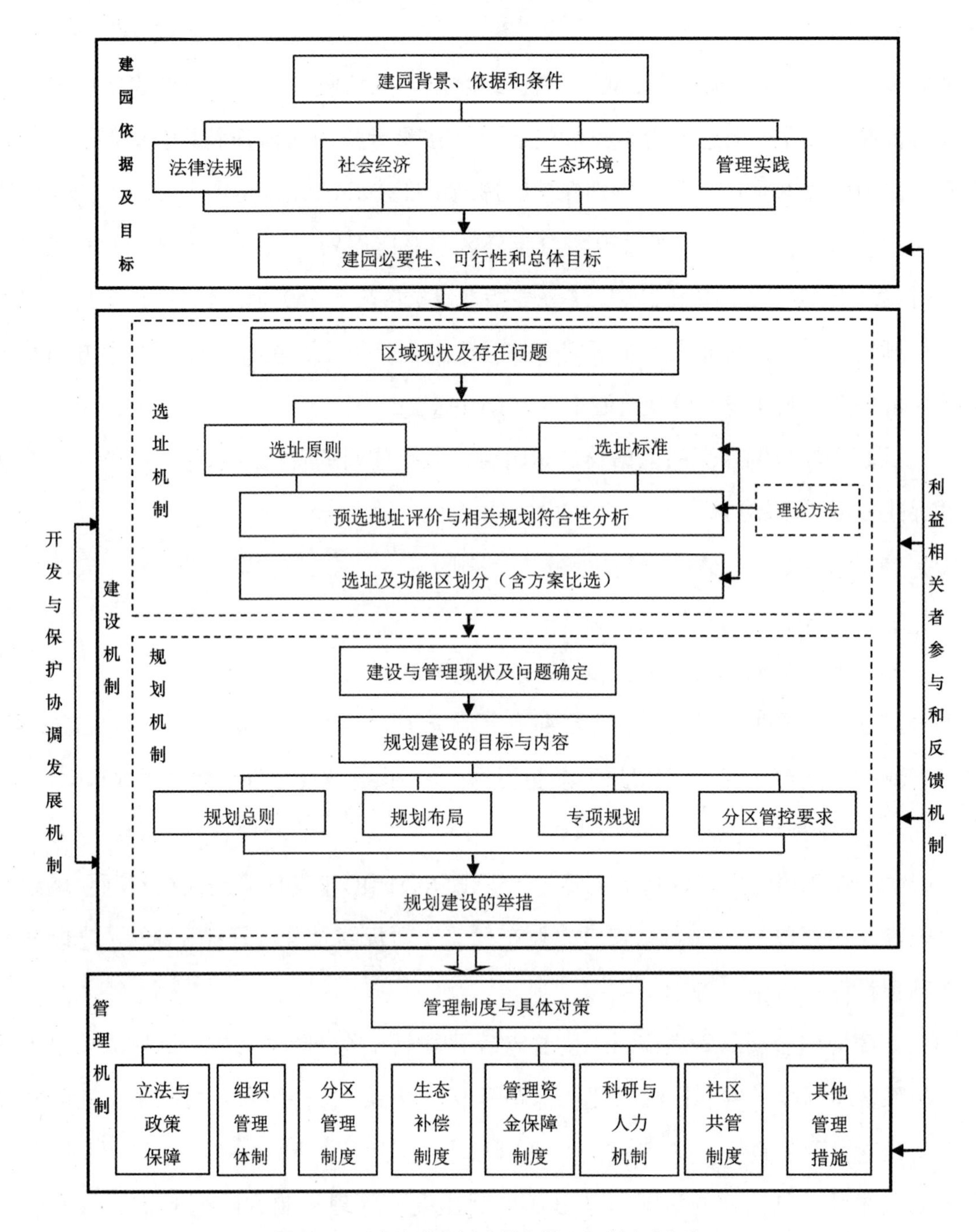

图 4-1　国家海洋公园建设与管理机制内容框架

4.3　建设依据及目标确定

明确国家海洋公园的建设依据，科学确定国家海洋公园的建园目标，是开展国家海洋公园建设与管理的前提和基础。

从国外国家（海洋）公园的成功经验可以看出，在国家海洋公园建设前，通过总结国家海洋公园所在区域相关法律（法规）政策、实践经验及资源与社会经济的优势特征（基础条件），并将其作为国家海洋公园开发建设依据、可行性和必要性的核心点，其重要性在于：能进一步明确拟建国家海洋公园的法律和政策支撑条件，以及公园所在区域所具备的基础条件和实践经验，从源头上避免盲目开发建设给社会、经济和自然资源带来不必要的浪费和损害，从而使海洋公园后续的建设、选址、规划和管理过程有一个明确的依据和目标，使国家海洋公园的建设与管理工作能依法依规，更加顺利有效地开展。

因此，这就要求我们在建设国家海洋公园之初，对国家海洋公园所在区域的有关社会经济、自然资源、生态环境、管理实践等相关背景信息进行详细收集，明确支撑拟建国家海洋公园建设有关的法律法规依据（包括国家层面和地方层面），应用定性分析的相关方法（如 SWOT 分析法、列表清单法等），从宏观上明确拟建海洋公园的类型及海洋公园建设的必要性、可行性及意义，并在此基础上结合利益相关者（包括有关部门、社区公众等）的意见，确定拟建国家海洋公园的指导思想和建园的总体目标（主要包括生态目标、社会目标、经济目标等），为国家海洋公园建园指明方向，也为未来国家海洋公园的选址、规划和管理提供科学的决策参考依据。

国家海洋局《关于选划申报海洋公园有关事项的通知》（国海环字〔2010〕63 号）指出，国家海洋公园旨在为保护海洋生态与历史文化价值，发挥其生态旅游功能，在特殊海洋生态景观、历史文化遗迹、独特地质地貌景观及其周边海域划定海洋特别保护区。鉴于此，国家海洋公园建设的指导思想可以归纳总结为：坚持“在保护中开发、在开发中保护”的基本方针，合理发挥海洋公园基本功能，加强海洋生态文明建设，构建海洋生态平衡与可持续开发利用的协调关系，实现海洋生态环境效益与经济社会效益的双赢。

第5章　国家海洋公园建设（选址和规划）机制

开展科学选址和功能分区，并制定科学详细的规划，是国家海洋公园成功建设的首要条件和关键所在。本章依据所构建的国家海洋公园建设与管理机制内容框架（第4章），在借鉴国内外成功经验的基础上，分别从选址和规划两个方面来阐述国家海洋公园的建设机制。

5.1　选址机制

国家海洋公园的选址是一个复杂的综合决策过程，不仅要挑选出具有代表性的海洋生态系统、重要的历史遗迹、独特地质地貌、特殊海洋景观等分布区，而且还需要综合考虑国家海洋公园建设对社会、经济、海洋生态环境的影响。此外，国家海洋公园所在区域的区位条件、自然环境条件、资源开发利用现状、社会经济现状、已有城镇建设和规划等也需要在国家海洋公园的选址过程中综合考虑（王恒，2011；王晓林，2014）。综上所述，本节主要从国家海洋公园的选址原则、选址标准、建设条件及综合效益分析评价，以及选址和范围的确定，来阐述国家海洋公园的选址机制。

5.1.1　选址原则

海洋特别保护区旨在坚持保护与开发并重、保护优先的原则，通过统筹协调，有效保护海洋生态环境，科学开发海洋资源，维护海洋权益。建立海洋特别保护区就是要保护特定区域的海洋生态系统、资源和权益，维护海洋生态服务功能，构建海洋生态保护与开发的协调关系，保障海洋资源与环境可持续利用，促进海洋经济健康发展，实现人与自然和谐相处。

国家海洋公园作为我国海洋特别保护区的一种重要类型，其目标旨在保护特定海岸带或海域的自然生态环境，保护海洋自然资源的可持续开发利用，保护国家海洋公园所在区域内自然、人文历史文化遗产，将人类活动对海洋的影响降至最低，从而实现自然及人文历史文化遗产的代际共享；此外，在保护好海洋生态环境的前提下，有效发挥滨海生态旅游功能价值，促进沿海地区社会经济的可持续发展。

2017 年，中共中央办公厅和国务院办公厅印发的《建立国家公园体制总体方案》（中办发〔2017〕55 号）（以下简称《总体方案》）提出："构建统一规范高效的中国特色国家公园体制，建立分类科学、保护有力的自然保护地体系。"因此，这就需要进一步整合和完善现有国家级海洋自然保护区体系，开展海洋类国家公园选址、规划和管理模式与机制研究技术方法创新，从而为海洋类国家公园体系建设及有效治理提供科学技术支撑。

结合国家海洋公园的特点及目前我国海洋生态环境保护形势，我国国家海洋公园的选址需要遵循科学合理性原则、资源开发利用协调性原则、综合效益统一性原则、与相关规划协调一致原则及便于管理原则，坚持科学发展观，合理利用海洋资源，严格保护海洋生态环境，促进国家海洋公园所在区域社会、经济、生态环境的可持续发展。

5.1.1.1　科学合理性原则

国家"十三五"规划提出："科学规划海洋经济发展，合理开发利用海洋资源，积极发展海洋油气、海洋运输、海洋渔业、滨海旅游等产业。"国家海洋公园建设的目的就是在保护海洋生态环境的同时，适度、合理地开发利用海洋资源，大力发展海洋生态旅游，更好地促进海洋经济发展。因此，结合国家"十三五"规划和上述《总体方案》的有关要求，国家海洋公园在选址时要尽量科学合理，主要做到如下几点。

（1）按照科学发展观的要求，选定具有保护价值和开发利用价值的海域，有利于未来海洋公园的建设、运营与管理。

（2）美国国家研究委员会（National Research Council）及相关研究表明（NRC，1995；Dahlgren and Sobel，2000；Halpern and Warner，2003；刘洪滨和刘康，2007；虞依娜等，2008），鉴于海水自身具有的流动性和整体性，国家海洋公园在选址时应特别注意如下几点：

①国家海洋公园的面积尽量要大，以此确保尽可能多的生境和物种在国家海洋公园所在区域中，以防止自然环境改变和社会经济不断发展所带来的压力与威胁。

②国家海洋公园在选址过程中还需要在适宜的区域尺度内考虑可重复性，并通过获得

丰富而精确的社会、经济资料与生态环境监测信息，进行下一步的适宜性评估。

③选址时要特别重视在能够反映各气候带海洋生物多样性的近海、河口湿地、岛屿等区域建立海洋公园，从而保护各气候带特有的生态系统和物种类型，如红树林、珊瑚礁等。同时，也应重视在具有特殊价值自然景观、历史遗存类海域选址建立国家海洋公园。

④合适的国家海洋公园范围是选址过程中的重要参数。在国家海洋公园选址过程中要充分考虑其所在海域的地形及生物学特性（如物种扩散距离等）。

（3）选址过程要做到科学公正，实事求是，按照自然和社会客观规律，科学评价保护海洋生态与历史文化价值，合理提出选址结论。

（4）根据国家海洋公园的建园目标及其保护目的，有针对性地分析选址建设的条件，并在此基础上征求相关管理部门及社区公众意见，通过协商，确定并落实国家海洋公园的建设地址与具体范围。

5.1.1.2 资源开发利用协调性原则

一方面，要强调不同资源开发利用之间的协调。海洋资源具有多样性，一定的空间范围内往往包含了多种资源开发利用形式，海洋特别保护区的建设就是要使区内的各种开发利用活动在不违反海洋功能区划的前提下，尽量避免一种资源开发利用对毗邻资源的利用影响，减少排他性。

另一方面，要强调单一资源开发利用自身的协调。按照海洋生态功能的承载能力，合理安排开发强度，避免自身污染、过度开发的不良行为，从而保证资源利用的持续性，避免资源的急剧衰退乃至枯竭。

5.1.1.3 综合效益统一性原则

在我国，国家海洋公园是一种新型的海洋区域综合管理模式（王晓林，2014），国家海洋公园的建设既要保护公园所在区域自然资源的可持续利用和海洋生态环境，又要考虑国家海洋公园建设及资源利用所带来的社会效益和经济效益。

因此，在选择国家海洋公园的建设地点时，需要协调社会、经济、资源与生态环境之间的关系，以生态保护为基点，从维持生态功能需求的角度出发，兼顾与保护目标保持一致的自然资源可持续开发利用活动，力求“在保护中开发，在开发中保护”，从而建立生态保护与可持续开发利用的协调关系；同时，在坚持科学发展观和可持续发展的前提下，适度开发国家海洋公园所在区域的自然资源，以自然资源承载力为基础，充分利用海洋生态系统环境容量，确保海洋自然资源带来的社会效益和经济效益最大化；此外，在保护海洋生态环境的前提下，充分利用海洋公园内自然资源所带来的经济效益，妥善解决社区居民生活、生产和就业的问题，并通过公众参与提高社区居民海洋环境保护意识，从而降低海洋公园管理成本，提高管理效率。

5.1.1.4　与相关规划协调一致性原则

国家和地方海洋行政主管部门为保护海洋生态环境，实现海洋空间的合理利用和海洋经济的可持续发展，制定了海洋功能区划，根据区位、资源、环境和社会经济等现状要求，划分了不同类型的功能区，其中就包含了海洋特别保护区等不同功能区类型（王恒，2011）。

国家海洋公园作为我国海洋特别保护区的一种重要类型，为实现国家海洋公园所在区域的社会、经济、资源、生态环境的可持续发展和效益最大化，国家海洋公园在建设选址时应以《中华人民共和国海洋环境保护法》为依据，按照《全国海洋经济发展规划纲要》《全国海洋功能区划》和《全国海洋环境保护规划纲要》等国家规划的有关要求，综合考虑与海洋公园所在区域的海洋功能区划、海洋环境保护规划、海洋生态保护红线规划及其他相关规划的协调一致性，从而实现科学选址，合理布局。

5.1.1.5　便于管理原则

在国家海洋公园的选址过程中，还应该选择适用的分析与评价方法，科学确定海洋公园选址的主导因素，合理把握区内外的相似性和差异性，从方便管理的角度出发，适度划定海洋公园的空间范围。

5.1.2　选址标准

5.1.2.1　国际海洋保护区选址相关标准

美国学者 John 在其《海岸带管理手册》中认为：海洋保护区一般具有针对性较强的实际发展目标，其区域特征（包括社会、经济、资源、自然环境特征等）决定了海洋保护区的保护目标和保护重点，而保护重点在一定程度上也对保护区的选址、范围等产生积极的影响（John，2000）。

以2002年东盟（ASEAN）海岸带与海洋环境工作组发布的东南亚国家海洋保护区选址标准为例，该标准将海洋生态环境保护作为海洋保护区的首要工作任务，并将选址标准分为生态标准、经济标准和社会标准三大类，而生态标准作为选址首要的影响因素，在选址标准中占据了很大的比重（刘洪滨和刘康，2007）。

在ASEAN发布的海洋保护区选址的三大类标准中（刘洪滨和刘康，2007），生态标准主要包括了生物多样性、生态系统自然性、保护物种（目标物种）的唯一性与依赖性、生境的代表性与完整性、生态系统的脆弱性与生产性；经济标准包括了经济物种的影响、海域使用格局改变对社区居民造成的威胁、经济效益；社会标准包括了社会接受性、公众安全、旅游与美学、利益冲突与协调、科教与公众意识。

5.1.2.2 我国海洋特别保护区选址标准

目前，我国海洋特别保护区的选址主要依据2016年新修订的《中华人民共和国海洋环境保护法》第23条的有关规定："凡具有特殊地理条件、生态系统、生物与非生物资源及海洋开发利用特殊需要的区域，可以建立海洋特别保护区，采取有效的保护措施和科学的开发方式进行特殊管理。"

根据《中华人民共和国海洋环境保护法》中的相关规定，我国海洋特别保护区的选址需要特别注意两个条件：一是区域自然条件、资源、生态系统的特殊性；二是在满足开发利用特殊需要的同时，也要注重保护，需要采用科学的方式进行特殊管理。因此，海洋特别保护区的选址和建设除了要考虑海洋生态环境保护，还必须考虑选址区域应具备良好的社会经济基础和发展相对完善的海洋产业；此外，具备复杂的海洋开发利用关系、自然资源稀缺、生态环境恶化需要保护、原生生态系统状况良好等条件的区域也可作为海洋特别保护区选址建立的重要备选区域。

王恒（2011）根据上述的法律依据及我国海洋保护区的特殊属性，通过研究指出，海洋保护区的选址及建立，需要考虑社会、经济、资源和生态效益的统一，实现海洋生态环境保护和自然资源开发利用的协调发展，尤其是在以下七类海域可以重点考虑选址建设海洋特别保护区：①自然条件（水文、气候、地形、水动力交换等）特殊区域、生态系统群落结构特殊区域、具有重要生态服务功能区域、生态系统或自然资源易遭到破坏或已经破坏的区域；②具有特定保护价值的自然、历史、文化遗迹分布区域；③生物、非生物资源丰富，但生态系统敏感脆弱，在开发利用的过程中极易造成冲突或破坏的区域；④自然资源和生态环境条件好，开发程度高，开发秩序混乱，利益相关者矛盾突出，社会、经济、生态整体效益较差，海洋资源和生态环境亟待恢复、修复和整治的区域；⑤开发程度不高，但未来要进行大规模开发，急需加强综合管理的区域；⑥潜在开发和未来海洋产业发展的预留区域；⑦领海基点等涉及国家海洋权益的区域，以及其他需要予以特别保护的区域。

5.1.2.3　我国国家海洋公园选址标准

从本书第 2 章国外国家（海洋）公园建设经验中我们可知，作为国家海洋特别保护区的一种重要类型，科学的选址和规划是国家海洋公园建设与管理取得成功的关键所在。根据我国国家海洋公园建设的目的和当前存在的问题，结合上述国内外海洋保护区选址的相关标准，我国国家海洋公园在选址时应该充分考虑区域的特殊性（如特殊的地理位置、自然条件等）及公园所在区域周边的社会经济发展状况，并从宏观的角度对其建设条件和社会、经济、资源与生态环境效益（统称“综合效益”）进行分析和评价，使得国家海洋公园选址的结果有利于其在未来建设过程中，实现自然资源开发与生态保护的相协调，在生态保护的基础上，能够合理发挥国家海洋公园所在特定海域的生态旅游或生态保护等基本功能，不断促进区域生态环境、资源、经济和社会效益最大化，实现区域的可持续发展。因此，综合考虑上述相关影响因素，本书将国家海洋公园选址的有关标准归纳如下。

1）区域特殊性

每一个国家海洋公园的建立都具有自身的区域特征。在国家海洋公园选址时，要充分获取公园所在区域的详细信息，包括地理位置、水文、气象、自然环境、资源等，并结合建设目的和保护目标，选择能够代表各种特殊自然资源、生态系统、自然与景观，以及人文历史遗迹等具有区域特色的地点，这样才能使建立的国家海洋公园更具有代表性和特殊性，也有利于国家海洋公园未来的开发利用与保护管理。

2）体现经济性

国家海洋公园建设与管理的可持续发展除了生态环境的保护之外，也同样离不开充足资金的支持。鉴于国家海洋公园能促进生态旅游发展这一重要功能，在选址建设海洋公园时，应该注重选择具有商业和娱乐价值，如具有关键物种的生态系统区域，或具有特殊旅游价值的自然景观或人文遗迹的区域，将国家海洋公园生态和资源的价值更好地转化为经济价值和社会价值，为国家海洋公园不断创造经济效益，实现国家海洋公园经营与管理的可持续发展。

3）兼顾社区居民

国家海洋公园在选址建设时，生态环境保护的要求必然会与当地以海为生的社区居民利益产生矛盾与冲突，公园的建立甚至有可能危及当地居民的生计，这样的结果将导致矛盾与冲突的进一步加剧，不利于国家海洋公园后期的经营与管理。国际上一些国家（海洋）公园在建设之初并没有将社会经济标准放在重要位置，仅仅只依靠国家政府部门的财政支持，从而导致了国家海洋公园管理的失败（王晓林，2014）。

从国外国家（海洋）公园建设的成功经验可知，公众参与不仅有利于国家（海洋）公园的管理，同时也会进一步加强公众对国家（海洋）公园的认识，提升公众保护自然资源的意识。因此，在国家海洋公园选址时，除了考虑生态和资源指标之外，也应该重点考虑当地的社会与经济指标，兼顾社区居民的要求，尽量做到国家海洋公园功能利用与当地社区居民的利益相协调，在最大程度上获取当地居民的支持，便于国家海洋公园未来的成功管理。在生态环境现状较好的区域选址建设国家海洋公园时，甚至还应该将社会经济标准放在主导因素的位置上进行考虑。

4）考虑外部影响并协调综合效益

鉴于海洋与海岸带是地球上物质循环、能量流动和信息交换较为频繁的区域，加之海水的流通性及海洋生态系统的脆弱性与复杂性，国家海洋公园所在区域的外部因素将可能对公园所在区域的生态系统产生影响（Reid and Bhat，2009）。因此，在选址建设国家海洋公园的过程中，应对公园区域周边的自然环境信息进行充分的了解，充分考虑公园所在区域的外部因素对区域海洋生态环境造成的影响。

此外，还应该重视国家海洋公园建设的总体目标，从而在选址之前进一步确定国家海洋公园开发发展的方向及保护目标，对于不同发展与保护目标的国家海洋公园，在其选址上也需要做出不同的侧重与选择。例如，对于侧重生物多样性及生态环境保护为主要目标的国家海洋公园，为节约后期经营和管理所需要的自然资源，那么就比较适合在一个环境背景和生态系统保护状况良好的海域选址建立国家海洋公园；对于侧重以获得社会经济效益为主要目标的国家海洋公园，那么就比较适合在具有丰富的自然景观或人文遗迹资源，或者自然资源开发利用过度的海域选址建立国家海洋公园。

综上所述，在选址建设国家海洋公园的过程中，还应该充分考虑和协调生态环境、资源、社会、经济等方面的综合效益，根据国家海洋公园建设的总体目标有所侧重地选择建设地点。

5）选择适当的选址方法

由于国家海洋公园基本上都位于海洋或海岸带区域，鉴于海洋或海岸带区域的复杂性、自然生态系统和社会生态系统的脆弱性，使得关于海洋或海岸带区域的决策比非海岸带区域的决策具有更高的风险和不确定性，也更难以开展相关的定量研究（吴侃侃，2012；Wu et al.，2014；Wu and Zhang，2016）。

相关研究表明，在海洋或海岸带区域决策过程中采用定性与半定量结合的相关方法可以较好地消除决策过程产生的不确定性，从而避免决策失误（Wu et al.，2014；Wu and Zhang，2016）。国家海洋公园的选址（包括相关选址标准的确定）是一个综合决策的过程，因为它综合了海洋或海岸带区域自然资源、生态、经济、社会等多个方面的影响因素，相关的信息难以完整获取，具体评价过程也具有一定程度的不确定性。因此，在利用相关方法对国家海洋公园进行选址评价的时候，需要在搜集大量基础信息与文献资料（包括地理空间信息、相关规划等）的基础上，明确拟建国家海洋公园的目标和区域的特殊性，因地制宜地选择有关的评价参数，采用定性方法（如列表清单法、类比分析法、SWOT 分析法等），或（半）定量方法（如综合指数法、专家评判法、层次分析法、多准则决策分析法、多维决策分析法等），或定性与定量相互结合的方法等，对国家海洋公园的预选地址开展评价，从而为保证国家海洋公园合理的选址提供较为科学的参考依据。

5.1.3　预选地址评价及相关规划符合性分析

根据国家海洋公园的选址原则和标准，为进一步明确拟建国家海洋公园的总体目标和体现国家海洋公园选址的区域特殊性，应当选择上述适当的选址方法，开展拟建国家海洋公园的预选地址评价（如果选址存在多个备选方案，则对多个备选方案分别进行分析），并结合当地政府与公众的建议，为国家海洋公园建设地点和范围的最终确认提供参考依据。根据本书第 1.2.1 节所述的国家海洋公园的特征，拟建国家海洋公园的建设条件分析应该从资源、生态、社会和经济四大选址标准着手考虑，主要包括：自然环境与资源条件分析（地理位置条件特殊性、生态系统特殊性、生态旅游特殊性等）、社会和经济条件分析（旅游基础设施、交通条件等）、生态旅游条件分析、人力资源条件分析、科技支撑条件分析、特殊海洋开发利用条件分析和限制因素分析等。

此外，根据协调一致和便于管理的选址原则，应该在分析国家海洋公园建设条件的同时，开展国家海洋公园建设与所在区域相关规划的符合性分析，这些规划主要包括：公园所在海域的海洋功能区划、近岸海域环境保护规划、区域国民经济与社会事业发展规划、渔业发展规划、城市总体规划、生态保护红线、土地利用总体规划、旅游发展总体规划等。当一些规划与国家海洋公园建设的地点存在矛盾的时候，需要结合实际情况，另外，选择合适的建设地址，或者适当地对国家海洋公园建设的总体目标、保护重点等进行调整，从而实现国家海洋公园选址与其所在区域其他相关规划协调一致。

5.1.4 选址及范围确定

5.1.4.1 建设地址确定

根据选址原则、标准、区域建设条件分析、规划符合性分析等结果，并结合相关的定性或半定量相结合的选址方法和选址标准，最终确定拟建国家海洋公园的建设地址。

5.1.4.2 范围确定原则

由于大部分国家海洋公园所在的海岛或海岸带区域兼具海陆生态系统的特征，受到多种地理、生物、物理、化学等过程的制约，特别是海洋环流因素的影响使其表现出较强的整体性，不易划分出明显的边界与范围，因此，国家海洋公园范围和大小的确立需要更加科学严谨，从而有效地实现开发利用和生态环境保护协调发展的目的（王恒，2011；王晓林，2014；王恒，2015）。

针对不同类型国家海洋公园的保护目标，许多学者通过实证研究对国家海洋公园的具体范围确定进行了论证。但鉴于研究角度与所应用理论方法的差异，研究结论也存在着较大不同，目前尚未形成一个相对统一的意见和标准。大部分研究意见认为，可以将公园所在区域 10% ~ 35% 的海域面积作为国家海洋公园范围值的参考依据（刘洪滨和刘康，2007）。

本书在综合相关研究和技术规范要求的基础上，建议从以下几个方面来确定国家海洋公园范围和界址：

（1）充分满足海洋公园内重要海洋生态景观、历史文化遗迹、地质地貌景观及其赋存自然资源和生态环境保护与利用的需要；

（2）充分考虑海域、海岛的区位，自然资源和生态环境等自然属性；

（3）面积适中（可参考10%~35%海域面积），与海洋功能区划、海洋环保规划、海洋生态红线规划等相关规划保持协调一致，与周边其他海洋开发活动无明显的矛盾，以促进海洋生态保护和生态旅游可持续发展，此外，要优先考虑国防需要，应当回避海防前哨、国防要地及军事设施等；

（4）在充分考虑陆域自然地理属性、行政区划属性、生态系统完整性的基础上，局部区域根据实际情况进行灵活处理和调整，为未来区域社会、经济发展留有足够的空间，同时也便于海洋公园的日常监管及相关措施的落实。

5.1.5　功能区划

对（海洋）保护区进行功能区划是当前生态多样性保护的全新观点之一，将生态环境保护和自然资源的可持续利用相结合，是对传统封闭式保护区概念上的突破（Noss and Copperrider，1994；Richard 和季维智，2000）。国家海洋公园的功能区划，主要是指以生态系统和自然文化资源的完整性和价值为标准，对国家海洋公园进行空间上的保护、管理和利用的规则，即按照国家海洋公园资源有效保护和适度利用的目标来划分其内部结构的方法（张希武和唐芳林，2014；王梦君等，2017）。

借鉴本书第2章所述国内外国家海洋公园建设与管理的经验，笔者认为，作为海洋特别保护区的一种重要类型，对国家海洋公园进行功能区划管理是现代构建以国家公园为主体的自然保护地体系所必须的要求，科学的功能分区将有利于公园发展目标的精确定位，有利于制订更加科学完善的建设规划和详细的管理计划，从而进一步保护国家海洋公园的生态系统和自然资源，协调公园内发展和保护两者之间的矛盾和各个利益相关者之间的关系，确保国家海洋公园的建设与管理不出现偏差，也在一定程度上更有利于各层级法律法规和管理措施的具体落实。

因此，国家海洋公园功能区划是实现国家海洋公园科学管理的一项基础性工作，通过海洋功能区的划分和确立主导功能，为国家海洋公园制定总体规划，开展资源合理利用与布局、保护区域生态环境，制定具体的分区管控措施及为实行分区管理提供科学依据和管理手段。

5.1.5.1 国内外国家（海洋）公园功能分区

1）国外

1973年，美国景观建筑师Richard Forester提出了首个国家公园同心圆分区规划模式，将国家公园从里至外划分为三个分区，分别是：核心保护区、游憩缓冲区及密集游憩区，该同心圆模式得到了世界自然保护联盟（IUCN）的认可（Lisa，1999；Hubert，2001）。

美国国家公园管理局（National Park Service）将国家公园划分为：原始自然保护区、自然资源区、人文资源区、公园发展区和特殊适用区（杨锐，2016）。

加拿大国家公园管理局（Parks Canada）根据国家公园范围内陆地和水域生态环境及自然资源保护的要求开展了功能分区，将国家公园分为五大功能区，分别为：自然环境区、特别保护区、游憩区、荒野区及公园服务区。在该分区指标体系中，各功能区的边界标准和资源保护目标各有差异；同时，该体系还根据各分区自身的特点及环境容量为游客提供一定范围的游憩机会，并提出了各分区具体的管控要求和措施（王连勇，2003；Parks Canada，2006；王恒，2015）。

澳大利亚政府于1981年对大堡礁海洋公园采取了多功能区划，以协调海洋公园保护与开发利用活动之间的矛盾。2003年，澳大利亚大堡礁海洋公园管理局对原先的功能区划体系做出调整，将大堡礁海洋公园划分为：生境保护区、科学研究区、保护公园区、国家海洋公园区、一般利用区、缓冲区、保全区及联邦岛屿区（王恒，2011）。该功能区划体系包括了大堡礁海洋公园各功能区的名称及对应的保护目标（如保护自然完整性、禁止开采活动等）、具体的功能（如用于资源利用和潜水、用于开展科研活动等），以及保护程度。其中，保护程度依次对应各功能区分为八个等级，分别为：最高、高、较高、中高、一般、中低、较低和最低。

此外，非洲的一些国家，例如，毛里求斯蓝色海湾海洋公园的功能分区包括：严格保全区、保全区和多功能利用区；塞舍尔的圣安妮国家海洋公园则划分为：保护区、潜水区和一般利用区（Francis et al.，2003）。

2）国内

目前，我国国家（海洋）公园功能区划处于起步阶段，相关功能分区的理论研究较少，目前还没有一个统一的标准，主要的功能分区研究集中在国家公园、自然保护区、森林公园、风景名胜区等自然保护地类型（张希武和唐芳林，2014；王梦君等，2017）。

例如，王梦君等（2017）在云南省国家公园试点研究功能区划结果的基础上，初步构建了国家公园功能区划的指标体系，这为国家海洋公园的功能区划提供了科学的参考。该功能区划指标体系包括了基础指标、衍生指标和结果评价指标三个指标因子类别，各指标因子下还包括了一级指标因子、二级指标因子及各指标因子的定性或定量的说明，例如，建议严格保护区的面积比例不应低于公园总面积的 25%等。

《海洋特别保护区功能分区和总体规划编制技术导则》（HY/T 118—2010）将海洋特别保护区分为：重点保护区、生态资源恢复区、适度利用区和预留区（国家海洋局，2010b），该功能分区为国家海洋公园的功能分区提供了参考依据，具体分区类型、定义及管控要求如表 5-1 所示。

表 5-1　海洋特别保护区功能分区及管控要求

功能分区	定义	管控要求
重点保护区	包括领海基点、军事用途等涉及国家海洋权益和国防安全的区域，珍稀濒危海洋生物物种、经济生物物种及其栖息地，以及具有一定代表性、典型性和特殊保护价值的自然景观、自然生态系统和历史遗迹作为主要保护对象的区域	实行严格的保护制度，禁止实施各种与保护无关的工程建设活动
生态资源恢复区	生境比较脆弱、生态与其他海洋资源遭受破坏需要通过有效措施得以恢复、修复的区域	在确保海洋生态系统安全的前提下，允许适度利用海洋资源。鼓励实施与保护区保护目标相一致的生态型资源利用活动，发展生态旅游、生态养殖等海洋生态产业
适度利用区	根据自然属性和开发现状，可供适度利用的海域或海岛区域	根据科学研究结果，可以采取适当的人工生态整治与修复措施，恢复海洋生态、资源与关键生境
预留区	除上述功能区外的其他未利用区域或暂时未定性的区域，提出今后可能的保护或利用方向	严格控制人为干扰，禁止实施改变区内自然生态条件的生产活动和任何形式的工程建设活动

注：根据《海洋特别保护区功能分区和总体规划编制技术导则》有关要求归纳。

刘洪滨和刘康（2006）依据自然生态系统和自然景观的特点，并结合保护和开发利用程度的差异，将威海国家海滨公园建设划分为自然保护区、历史文化保护区、旅游开发区和特别利用区四大类。其中，自然保护区又分为了生态系统保护亚区、生态保护缓冲亚区及地质景观保护亚区；历史文化保护区又分为历史古迹保护亚区和民俗风情保护亚区。

韩维栋（2010）根据海岛和海洋生态资源分布的特点，将广东特呈岛国家海洋公园分为4个功能区，分别是：人工鱼礁重点保护区、生态与资源恢复区、适度利用区和预留区。

王恒（2011）根据长山群岛目前的生态、经济、社会、资源、区域自然属性等综合现状，将长山群岛国家海洋公园划分为核心区、缓冲区、实验区、游憩区和一般利用区，并提出了各功能分区对应的保护目的、具体功能和保护程度。

孙芹芹等（2012）根据区域的自然属性、资源分布、生态环境特征，以及公园建设与《海洋保护区功能区划》《长乐市城市经济发展规划》《长乐市旅游发展规划》等规划的衔接性，将长乐国家海洋公园划分为重点保护区、生态资源与恢复区、适度利用区及预留区四个功能区。

根据区域的自然属性及其与海洋保护区功能区划、城市经济发展规划、旅游发展规划等规划的衔接性，确定区域不同的主导功能，崇武国家级海洋公园划分为重点保护区、生态与资源恢复区和适度利用区三个功能区。其中，适度利用区是崇武国家海洋公园体现“公园”功能的主要区域，其又可分为：青山湾高端度假区、西沙湾水上运动区和半月湾休闲美食区三个亚区（惠安县海洋与渔业局和福建海洋研究所，2013）。

颜利等（2015）结合厦门国家海洋公园区域范围内的资源利用、生态保护与生态旅游的实际情况，将厦门国家海洋公园分为重点保护区、生态资源与恢复区、适度利用区及科学实验区四个功能区。其中，基于各功能区生态环境保护和生态旅游资源分布的实际情况，又将重点保护区分为两个亚区，将适度利用区分为四个亚区。

5.1.5.2 功能区划分的原则和依据

1）原则

参考《海洋特别保护区功能分区和总体规划编制技术导则》（HY/T 118—2010），并结合国内外国家（海洋）公园功能区划的实践经验可知，国家海洋公园功能区划的目的是在其自然资源和生态环境得到有效保护的前提下，以可持续的方式对国家海洋公园进行开发利用活动，带动其周边社区的发展，为社会公众提供科研、教育、生态旅游的场所。因此，在国家海洋公园功能区划中应总体遵循以下原则：

（1）尊重自然，保持完整原则

国家海洋公园功能区划应遵循自然规律，保持海岸带、海岛和海洋生态系统的原真性和完整性，为国家海洋公园内的生物创造良好的生态环境。

（2）保护优先和合理利用原则

坚持“重在保护、生态优先、合理利用、良性发展”的方针，维护国家海洋公园生态系统平衡，保护海洋公园功能和生物多样性，充分有效地发挥海洋公园的生态功能，体现海洋公园在游憩休闲、科普教育等方面的作用；同时，正确处理自然资源、生态环境保护与旅游活动、渔业发展及近期建设与远期利用的矛盾，协调经济效益、社会效益、生态及资源效益之间的关系，在保护的前提下进行合理利用和适度开发。

（3）有利于促进海洋经济和社会发展原则

在划定国家海洋公园功能区时，应在保护为主的前提下，根据海域、海岛的自然资源和环境条件，充分考虑地方和行业对海洋开发利用的意见，安排必要的和可行的利用功能；此外，国家海洋公园的功能区划应与公园所在区域的相关规划保持协调一致，以促进海洋经济和社会可持续发展。

（4）因地制宜、协调发展原则

由于国家海洋公园中不同的功能区具有其不同的自然资源、生态系统、地形地貌等方面的特征，因此，在国家海洋公园功能区划的过程中，应因地制宜，充分考虑各个功能区特殊保护对象的保护需要，在突出其自身特点的同时又相互呼应，对重点保护对象和区域进行合理规划；此外，国家海洋公园在功能分区的过程中应注意与其所在区域的自然属性、海洋保护区功能区划、城市经济发展规划、旅游发展规划等规划的衔接与协调，从而更加科学地确定各分区的主导功能。

（5）可行性和可操作性原则

国家海洋公园功能分区应在技术方面可行，在经济方面合理；此外，功能分区应有明确的自然分界，便于对不同功能区进行不同程度的管理和控制，有利于实现保护区内资源的合理利用及生态环境的良好循环，从而使功能分区的过程具备可操作性，并满足生态建设的需要。

（6）前瞻性原则

国家海洋公园功能分区应具有科学性和超前意识，要为未来海洋产业和社会经济发展留有足够的空间，统筹安排各行业用海需求。

2）依据

《海洋特别保护区功能分区和总体规划编制技术导则》（HY/T 118—2010）指出，海洋特别保护区的功能分区是指根据海域及海岛的自然资源条件、环境状况、地理区位、开发利用现状，并综合考虑地区经济与社会持续发展的需要，划分各类具有特定主导功能，有利于资源保护与合理利用，能够发挥最佳效益的区域。根据HY/T 118—2010的定义，并结合上述国内外国家海洋公园功能区划的实践经验和国家海洋公园功能分区的原则，国家海洋公园功能区划的依据可归纳为以下两个方面。

（1）在空间尺度上，国家海洋公园功能区及其对应的功能都与该区域甚至更大范围的自然环境和社会经济因素相关。国家海洋公园的区位、自然资源和生态环境等自然属性是确定国家海洋公园功能分区的首要条件，它决定国家海洋公园自然资源利用与生态环境保护的合理性。

（2）社会经济条件和社会公众需求等社会属性则是确定功能分区的重要条件，它决定了国家海洋公园各分区应选择何种功能以实现最佳的社会-经济效益。

3）小结

（1）总结加拿大、美国、澳大利亚等国家（海洋）公园功能区划的实践经验，其特点在于：首先，公园的各分区是通过法律或法案进行规定的；其次，功能分区主要集中在保护和生态旅游利用两大方面；此外，各功能分区都有其对应的具体功能要求和管控政策。

（2）我国国家海洋公园功能区划处于起步阶段，相关功能分区的理论研究较少，目前还没有一个统一的标准。虽然国外的经验可以为我国国家海洋公园的功能区划提供借鉴，但由于国家管理制度及建设管理目标的不同，国外国家（海洋）公园的一些分区理念不能简单直接地应用到我国国家海洋公园的功能区划中来，只能作为分区时的一种经验借鉴。

（3）从国内国家海洋公园的功能区划的实践上来看，虽然各国国家（海洋）公园根据其特点有着不同名称的功能分区，其总体思路却可以大致概括为三类（或四类）区域：① 为了保持生态系统原真性和完整性的严格（或重点）保护区；② 为了保护和恢复自然生态系统与资源的生态保育区或者生态与资源恢复区；③ 为社会大众提供科研、游憩观光、生态旅游的适度利用区（或者分为游憩展示区、传统利用区等）；④ 如果国家海洋公园中还有其他利用或暂时未定性的区域则被划为预留区。这一功能分区的思路，既体现了国家海洋公园在生态环境和自然资源保护方面的功能特征，也兼顾了科研、游憩、教育等功能，分区之间有着较为明显的功能区别，较易进行操作和管理。

（4）作为海洋特别保护区的一种类型，《海洋特别保护区功能分区和总体规划编制技术导则》（HY/T 118—2010）为我国国家海洋公园的功能分区提供了参考依据，但鉴于各地国家海洋公园所在区域自然特征、资源利用与生态环境保护的目标不同，国家海洋公园的功能分区并没有一个统一的标准。因此，本书认为各地国家海洋公园具体功能区划应在上述第（3）点所归纳的总体思路基础上，根据海洋公园自然资源、生态环境及区域社会、经济具体特点，因地制宜决定。例如，某些具有可利用或重要科研意义资源的国家海洋公园也会单独从适度利用区中划分一个区域作为科学实验区；如果某国家海洋公园所在区域临近航道，也可以在适度利用区之外另设一个类似于生态缓冲区的预留区；此外，某些国家海洋公园的功能分区还可以在各分区自然资源和生态环境保护与利用实际情况的基础上，继续分出更为详细的分区（亚区），如上述提到的威海国家海滨公园、厦门国家海洋公园等。

（5）综上所述，国家海洋公园功能区划的总体原则分别为：尊重自然，保持完整原则；保护优先和合理利用原则；有利于促进海洋经济和社会发展原则；因地制宜、协调发展原则；可行性和可操作性原则；前瞻性原则。同时，要将国家海洋公园所在区域的区位条件、自然资源和生态环境等自然属性，以及社会经济条件和社会公众需求等社会属性作为国家海洋公园分区时的重要依据来考虑。此外，由于国家海洋公园有别于一般海洋保护区，未来还需要在借鉴国内外海洋公园有关功能分区研究的基础上，结合我国各国家海洋公园的实际情况，不断构建和完善定量化的国家海洋公园功能分区指标体系，以期更为科学、具体地指导国家海洋公园功能区划和管控措施的制定。

5.2　规划机制

国家海洋公园建设与管理是一项长期的工作，为了保障国家海洋公园保护与可持续开发利用等活动正常、有序地进行，应制定总体规划，以具体明确国家海洋公园管理目标和行动方案。因此，在确定拟建国家海洋公园建设地址与功能区划后，应开展拟建国家海洋公园总体规划，其主要的内容和目的就是在坚持社会、经济、生态效益统一协调原则的基础上，根据规划背景、规划依据及规划范围与年限，明确和制定公园建设的总体目标和发展方向、近期目标及远期目标，结合公园所在区域建设与管理的现状与存在的问题，按照一定的功能分区原则，提出公园的规划布局，明确各功能区的主导功能和管控要求，提出专项规划与规划重点建设项目，形成社会、经济与资源环境相协调的空间开发格局，从而充分发挥国家海洋公园的生态保护功能、旅游服务功能及社会公共服务教育功能，进一步实现海洋生态环境保护与滨海旅游的和谐共存，为国家海洋公园的建设与管理提供科学依据和技术支撑。

5.2.1 国家海洋公园现状及问题确定

在开展国家海洋公园建设与规划之前，首先应该对拟建国家海洋公园及周边区域的现状开展调查，了解拟建国家海洋公园所在区域的地理位置、范围及面积（与公园选址保持一致），区域自然资源、社会经济状况、主要的保护目标、建设与管理现状等。其中，建设与管理现状主要包括基础设施建设现状（旅游交通设施现状、生态环境保护设施现状、游览设施现状等）、海洋公园所在海域的海洋生态环境质量现状等；然后，应在上述现状分析的基础上，对区域的产业结构和生态环境现状给出一个定性的评价结论，并总结当前区域所存在的主要问题和发展机遇；最后，在总结上述区域现状与存在问题的基础上，确定国家海洋公园保护和利用协调发展的制约因素，主要包括自然因素、人为因素、社会和政策因素、社区和经济因素等，为进一步明确规划总体目标、近期目标（前5年）和远期目标（后5年）提供科学的参考依据。

5.2.2 建设规划目标及主要内容

借鉴国内外国家海洋公园建设规划的相关理论研究与实践经验，笔者认为，我国国家海洋公园建设规划的总体目标与主要内容应主要从规划总则、规划布局、分区管控要求及专项规划四个方面进行考虑。

5.2.2.1 规划总则

规划总则主要包括规划编制依据，规划的指导思想与基本原则，规划目标、范围及年限。规划总则的编制要为国家海洋公园建设规划的实施和后期的具体管理提供基础的宏观指导，国家海洋公园的建设也必须要遵循规划总则中的有关要求。

1）规划编制依据

规划编制依据应包括：①国家及地方相关法律法规，如《中华人民共和国海洋环境保护法》《海洋特别保护区管理办法》《关于建立以国家公园为主体的自然保护地体系的指导意见》等；②国家相关的标准规范，如《海洋特别保护区分类分级标准》（HY/T 117—

2010）、《海洋特别保护区功能分区和总体规划编制技术导则》（HY/T 118—2010）等；③国家海洋公园所在地方的相关规划，如地方的海洋功能区划、城市总体规划、旅游发展总体规划等。

2）规划的指导思想和基本原则

规划的指导思想和基本原则应紧紧围绕近期国家出台的政策方针及指导文件中的相关制度与管理措施，具体如下。

（1）指导思想

以海洋自然保护区与特别保护区的基本理论方法和技术规范为指导，根据国家有关海洋特别保护区建设与管理的方针、政策及要求，通过科学规划和合理安排，逐步建立与完善国家海洋公园的各项建设项目，使海洋公园区域范围内的生物多样性得以不断丰富并长期维持，特殊自然景观得以较好的保存，海洋生态环境始终保持良好状态，从而达到自然保护的目的；同时，实现保护与开发同步，积极发挥国家海洋公园在科研、教育和旅游等方面的作用，促进国家海洋公园所在区域社会、经济和生态环境的可持续发展。

（2）基本原则

① 生态保护优先，可持续发展原则

坚持生态保护优先，“在保护中开发，在开发中保护”原则，处理好海洋资源利用与生态环境保护的关系。以生态环境承载力为基础，明确不同区域的功能定位和发展方向，控制发展规模，优化发展布局，转变发展方式，促进国家海洋公园所在区域资源有序开发和生态环境保护，促进区域社会、经济和生态环境保护的可持续发展。

② 开发与保护兼顾、统筹协调原则

充分考虑国家海洋公园所在区域海洋经济发展现状，统筹协调好生态保护与旅游资源开发、近期与远期、个别与整体、重点与一般之间的关系，在保证自然保护目标得以实现的前提下，按保护区自然资源的特点和优势，充分发挥保护区在保护、科研、宣传教育和旅游等方面的功能作用，充分协调与海洋功能区划、城市总体规划、土地利用总体规划、海洋环境保护规划等相关规划的关系，突出重点，统筹兼顾，点面结合，分步实施。

③ 陆海统筹原则

统筹陆海旅游资源开发利用，统筹滨海土地，围填海造地和海岛开发，缓解沿海地区土地资源瓶颈。统筹陆海生态环境保护，以海定陆，实施陆源污染物入海总量控制，加强流域生态环境综合治理，维护河口生态健康，加强围填海管理，优化沿海地区人居和旅游发展环境，实现海陆一体化。

④ 分区引导，分类管控原则

建立保护和开发相协调的管理模式，根据国家海洋公园功能分区方案，明确提出具体的规划布局及各功能区的主导功能，按照功能区的要求实施分区引导、分类管控，重点解决制约主导功能发挥的各类限制性因素。分区引导应尊重客观规律，因地制宜，在经济、技术上可行。

⑤ 因地制宜、合理布局、可行可操作性原则

充分利用国家海洋公园建设范围内现有的地形、地貌和区位场地条件，因地制宜地进行项目的规划布局，减少项目建设工程量。此外，规划项目在技术方面可行，在经济方面合理，在实施过程中具备可操作性，同时能满足生态建设的需要。

⑥“以人为本”，体现地方特色原则

国家海洋公园的建设规划应满足不同旅游人群的兴趣和需要，充分贯彻人类接触自然、回归自然的参与式理念，在具体的景观布局、建筑设计和设施建设等方面都让游客感受到人文关怀。此外，应充分突出国家海洋公园所在区域的自然生态特征和地域景观特色，在保护和保持巩固现有景观资源特色的基础上，规划应突出利用国家海洋公园潜在的景观、环境及地方历史、民俗文化等资源，进行功能布局，充分利用和体现项目区的人文文化、生态文化及资源特色，明确国家海洋公园的发展主题，突出个性，创出新意。

（3）规划范围、年限及目标

规划的范围应与国家海洋公园的选址范围保持一致（包括了相关的界址坐标表和范围示意图），规划年限一般为 10~15 年，有明确的起止年限，在时间上分为近期规划、中期规划和远期规划，每期规划年限各为 5 年。

规划目标按内容应包括生态保护目标、经济发展目标和社会服务目标，按年限应分为总体目标（含社会、经济、资源和生态环境的综合目标）、近期目标（以规划基准年起第一个五年计划，含社会、经济、资源和生态环境的综合目标）、中期目标（以规划基准年起第二个五年计划，含社会、经济、资源和生态环境的综合目标）和远期目标（以规划基准年起第三个五年计划，含社会、经济、资源和生态环境的综合目标）。

规划目标的具体内容则是根据国家海洋公园当前建设与管理的现状，以及当前公园区域范围内资源利用与生态环境保护所存在的问题与制约因素进行确定，一般包括了生态环境保护的重点对象，需要改善生态环境的区域，在保护生态环境的同时促进国家海洋公园生态旅游发展，重点需修复的历史文化遗迹或自然景观、基础设施建设及公众参与等方面

的内容。

5.2.2.2　规划布局

规划布局就是在国家海洋公园功能区划的基础上，以天然海岸和自然生态边界为界线，结合国家海洋公园所在区域的自然资源、社会经济及生态环境的现状，根据开发利用和生态环境保护相互协调的原则，明确国家海洋公园主导功能和总体规划的分区布局。

5.2.2.3　分区管控要求

分区管控是为实现国家海洋公园开发与保护相协调，在海洋公园功能分区方案及规划布局的基础上，结合海洋公园各功能区所在区域的海洋功能区划、生态红线等有关法律政策，按照海洋公园各功能区的要求实施分区引导、分类管控，明确海洋公园各功能区保护与开发利用活动安排及管控措施，重点解决制约海洋公园主导功能发挥的各类限制性因素。

借鉴并总结国内外国家海洋公园建设与规划的有关经验，国家海洋公园分区管控应包括的内容是：拟建国家海洋公园各功能区划分及对应的功能区名称，各功能区的具体地理位置，各功能区对应的保护（修复）对象，各功能区当前开发利用活动现状及存在的问题（或影响保护与开发协调的制约因素），各功能区所对应的保护与开发活动的安排及具体的管理措施。

5.2.2.4　专项规划

专项规划就是在明确国家海洋公园规划目标的基础上，根据海洋公园的规划布局和功能分区及管控要求，结合海洋公园自然资源与生态环境保护与开发利用实际情况，对未来海洋公园的建设与保护提出的一系列目标和具体实施内容，其目的旨在通过专项规划中的具体措施，科学保护和利用海洋公园所在区域的自然资源，构建蓝色生态屏障，实现社会经济与生态旅游的协调发展，从而构建一个执法严格，海洋信息和管理机制完善、高效的国家海洋公园。

总结并借鉴国内外国家海洋公园建设与规划的有关经验，笔者认为专项规划应主要包括：海洋公园保护管理建设规划、基础设施能力建设规划、生态旅游景点与景区布局规划、资源合理利用规划、生态补偿实施规划、生态产业发展规划、科研监测规划、宣传教育规划、社区共建共管规划等。此外，在上述专项规划的基础上，还应根据国家海洋公园的规划年限，明确近期、远期重点建设项目规划，尤其是近期规划，除了要与远期规划一样明确重点建设项目的类型和名称之外，还应明确项目的资金预算、资金来源及重点建设项目的责任主体单位。

同时，专项规划中还应该明确规划实施的具体保障措施，因为它是各专项规划得以顺利实施的有力保证。专项规划实施的保障措施一般包括法规政策保障、组织保障、资金保障、保护与管理，以及其他保障措施（如宣传教育、公众参与等）。

5.2.3 建设规划举措

本节根据本书第 6 章阐述的国家海洋公园开发与保护协调机制，在参考并借鉴国外（海洋）公园建设与管理的实践经验及相关启示（本书第 2 章和第 3 章）的基础上，提出国家海洋公园在选址、建设和规划过程中的对策建议。

5.2.3.1 科学的选址与规划

从美国、加拿大等国家（海洋）公园体系发展较为完善的国家经验来看，在国家（海洋）公园建设过程中，明确国家（海洋）公园的建设目标和规划目标，科学地开展国家（海洋）公园地选址与功能分区，对于后期成功管理（海洋）公园有着极其重要的作用。

因此，我们应借鉴国外的成功经验，在国家海洋公园建设过程中，要紧紧结合国家海洋公园开发与保护协调机制、选址机制、功能区划的有关原则、依据和标准，应用科学的方法进行选址和功能区划，明确国家海洋公园的总体布局和主导功能；同时，应制定宏观的建设规划和详细的管理计划，精确定位国家海洋公园的建设发展目标和保护目标，指导国家海洋公园中的社区规划、土地利用规划等，为国家海洋公园的建设与保护提供科学的决策依据，从而确保国家海洋公园建设与管理不至出现偏差、走入误区，也更有利于各项法律法规和管理措施的顺利实施；此外，应该在国家海洋公园进行选址和规划的整个过程介入相关的战略（或规划）环境影响评价，预测国家海洋公园建设可能对公园所在区域社会、经济、生态、资源、环境造成的影响和风险，在建设规划结束后开展环境影响的后评估工作，并根据预测和评估的结果，及时地提出减缓或避免影响的补救措施，从国家海洋公园建设规划的源头避免或减缓决策失误，减少因决策失误造成的生态环境影响和社会经济的损失，实现国家海洋公园区域经济-社会-环境的可持续发展。

5.2.3.2　明确建设责任制度

为保证国家海洋公园的建设质量和进度，要明确国家海洋公园建设过程中每一个环节的责任。因此，应依据有关法律法规的要求，明确国家海洋公园的管理模式和机构设置，指定专门的管理机构来直接负责整个国家海洋公园建设，并从国家海洋公园规划开始到具体项目投入运营为止，每一个环节都由国家海洋公园管理部门的有关领导进行监督落实，从而提高国家海洋公园建设过程中管理人员的整体责任意识，做到层层落实责任，确保国家海洋公园建设的顺利实施。

5.2.3.3　立足保护，兼顾开发

国家海洋公园建设的首要目的和优先任务是为了保护公园所在区域的自然资源和生态环境，但为了可以充分发挥国家海洋公园在促进区域社会、经济发展方面所具备的功能，实现国家海洋公园综合效益的协调统一，我们在国家海洋公园的建设过程中应该做到立足保护，兼顾开发，即做到保护性开发，主要从以下三个方面开展。

（1）根据国家海洋公园自身的特点和现阶段所存在的生态环境与资源利用问题，开展有关的保护、修复和生态补偿的工作。例如，对受损的岸线或沙滩进行修复，保护和恢复公园所在区域的海洋生物多样性，开展增殖放流、种植海藻床等生态修复的项目。

（2）在国家海洋公园建设之初，对公园区域范围内具有重要价值的自然资源和景观先进行保护，避免建设活动对其产生破坏，待建设项目（如生态旅游景点）完成之后，再对这些自然资源和景观进行恢复工作，保留其原来的面貌。这样不仅可以保护公园内原有的自然资源和景观，也可以有助于生态旅游等项目的开发建设。

（3）在立足国家海洋公园保护修复的同时，也应该实施一些重点建设项目。除了上述生态旅游景点建设之外，还可以根据国家海洋公园的实际需要，建设具有代表性、界址性的海洋公园标志性建筑，在突出海洋公园所在的位置和范围的同时，也可以体现海洋公园的保护主题，增加海洋公园在社会上的影响力，从而吸引更多公众对国家海洋公园建设的关心与支持。

5.2.3.4　严控各类开发建设活动，加强生态环境保护

根据《海洋特别保护区管理办法》的有关要求，国家海洋公园的生态保护、恢复及资源利用活动应当严格遵守各功能分区的管理要求，并严格控制各类建设项目或开发活动。

符合国家海洋公园总体规划的重点建设项目，须经保护区管理机构同意后，按照相关法律法规的要求进行海洋工程环境影响评价和海域使用论证。同时，应严格限制严重影响国家海洋公园生态环境的开发建设活动（如采石、挖砂、围垦滩涂、围海、填海等），合理控制养殖规模，科学确定旅游区的游客容量，有关基础设施的建设应按照国家海洋公园总体规划实施，并与景观相协调，不得污染和破坏国家海洋公园生态环境，严格（或重点）保护区内不得建设宾馆、招待所及其他工程设施。

此外，在国家海洋公园建设过程中，应加强生态环境监测与预警系统的建设，及时防范和控制生态养殖、生态旅游等开发利用活动可能造成的生态环境污染，建立突发风险事故应急系统，明确对保护区造成污染和损害的单位和个人所必须采取的处理措施，从而加强公园所在区域的生态环境保护，减少或避免建设活动可能对国家海洋公园生态与资源造成的影响。

第6章　国家海洋公园开发与保护协调机制

本章首先阐述了开发与保护协调机制在国家海洋公园建设与管理过程中所发挥的作用和意义，然后在借鉴国内外成功经验的基础上，阐述了未来在完善国家海洋公园开发与保护协调机制的过程中，需要进一步强化的主要内容，具体包括以下五个方面：加强环境监测，提高科学管理决策能力；遵循开发与保护协调原则，提高科学选址和建设规划的能力；调整区域产业结构，转变社会经济发展模式；完善法律法规，实施生态补偿制度；普及相关知识，提高公众的海洋环境保护意识。

6.1　作用和意义

根据本书第4.1节中国家海洋公园建设与管理的原则，并结合国家海洋公园选址和规划机制（本书第5章）可知，国家海洋公园的建设与管理，既要保护公园所在区域自然资源的可持续利用和海洋生态环境，又要考虑公园建设及资源利用所带来的社会和经济效益。因此，国家海洋公园在选址、规划及运营管理的过程中，都应统筹兼顾生态、资源、经济和社会效益的综合统一，协调好公园开发与保护的关系，实现国家海洋公园的可持续发展。

目前，随着社会经济的发展，海洋的开发利用活动日益频繁，开发强度日益增大，海洋资源被过度利用，海域环境污染事件频繁发生，海洋生态环境及其自然资源遭到严重破坏。近几年，我国一些沿海省份陆续建立了一批国家海洋公园，绝大部分的国家海洋公园也都将生态建设和保护放在了首要位置。虽然这样的做法在一定程度上保护了海洋生态系统和自然资源，但由于国家海洋公园在我国发展时间较短，许多制度并不完善，再加之在我国目前仍以经济建设为主要任务的大背景下，国家海洋公园的开发与保护没有得到很好的协调，得到其所具有的功能并没有得到充分发挥，经济、社会、生态与资源的综合效益没有达到最优，某些国家海洋公园的建设与管理仍然与地方社会经济发展的目标产生了较大的冲突与矛盾。

例如，在海洋渔业发展方面，国家海洋公园的建设虽然保护了传统的渔业资源，避免了渔业资源发生不可逆的崩溃，但从另一方面也迫使部分渔民从传统的渔场转移出，失去了他们赖以生存的条件，从而使当地居民和社区对国家海洋公园的建设产生不满情绪，进一步加剧了利益相关者之间的冲突和矛盾，甚至有部分渔民选择在国家海洋公园附近的海域采取爆破等方式获取渔业资源（王恒，2015），从而在一定程度上对国家海洋公园的保护功能产生了很大的影响；在生态旅游开发方面，虽然国家海洋公园的建设带动了当地旅游业的发展，创造了经济价值和就业机会，加快了区域经济的发展，但过度的旅游开发也导致了游客数量的增多，环境污染不断加重，一些自然资源也受到了一定程度的破坏。

综上所述，构建国家海洋公园保护与开发协调的机制具有十分重要的意义，它应该充分体现在国家海洋公园选址和建设规划的过程中，这样可以在一定程度上促进国家海洋公园综合效益实现最优化，也可以协调国家海洋公园中各个利益相关者之间的矛盾，有利于国家海洋公园建设与管理目标的顺利实现，保证国家海洋公园的可持续发展。

6.2 主要内容

6.2.1 加强环境监测，提高科学管理决策能力

国家海洋公园是普及海洋知识及开展海洋科学研究活动的重要科学基地。对国家海洋公园自然资源、海洋生态环境及开发利用情况开展定期或动态的监测，不仅可以为实现国家海洋公园科学管理提供科学的数据，也可以发挥国家海洋公园作为一个“科学监测站”的功能，及时地分析国家海洋公园在选址和建设规划过程中出现的生态环境与自然资源利用的变化，从而为国家海洋公园生态环境保护改进措施的提出提供科学的参考依据，预防或避免开发利用活动可能对国家海洋公园生态环境造成的不良影响和风险。

此外，国家海洋公园应在所在区域设置一个专门的公园管理机构，直接负责并协调国家海洋公园的生态环境保护、开发利用和管理等活动，将生态环境保护放在首位，结合动态监测，开展环境影响评价、保护与利用规划等研究，减少或避免开发利用活动对国家海洋公园生态环境可能造成的影响，提高国家海洋公园的科学决策能力。

6. 2. 2　遵循开发与保护协调原则，提高科学选址和建设规划的能力

在实现生态环境保护的同时，还应该对国家海洋公园的选址和建设进行科学规划。结合国家海洋公园所在区域的生态系统和自然资源的属性与特征，根据开发与保护相协调的原则，因地制宜地开发生态观光、度假和游憩等生态旅游系列产品，并在国家海洋公园选址和建设规划的过程中开展生态旅游发展和规划布局、旅游资源容量分析、各功能分区开发与保护利用活动安排、综合效益（经济、社会、资源和生态效益）分析等方面的研究，推动海洋公园生态-经济-社会效益的协调和统一，实现国家海洋公园的可持续发展。

此外，还应该根据总体空间布局，在生态旅游发展专项规划和资源合理利用规划中分别明确国家海洋公园规划区域内的生态旅游景点与景区布局（如旅游线路布局、各功能区旅游活动的安排等)，以及生态旅游资源的保护与建设等。

以生态旅游景点与景区布局为例，其主要任务就是在参考海洋特别保护区功能区有关管理要求的基础上，充分考虑拟建国家海洋公园所在区域的生态保护要求及旅游资源特点，合理发挥拟建国家海洋公园生态旅游功能优势，适度安排旅游活动区域及区域中适应开展的一些旅游活动、旅游路线和旅游内容，并在此基础上绘制拟建国家海洋公园旅游资源分布图、旅游线路图、旅游资源规划图等。

6. 2. 3　调整区域产业结构，转变社会经济发展模式

正如上文所述，国家海洋公园的过度开发会造成自然资源和生态环境的破坏，而重保护、轻开发同样也会限制国家公园功能的充分发挥，使国家海洋公园所在区域的传统产业结构与社区居民的生活受到一定程度的影响。

因此，我们在协调国家海洋公园开发与保护之间的关系时，应该积极地对拟建国家海洋公园周边区域的乡镇开展城镇化改造，引导农渔业的产业结构调整，发展生态农业、休闲渔业等对自然资源和生态环境影响较小的产业。同时，充分发挥国家海洋公园在科研、游憩方面的功能，大力发展滨海生态旅游业，吸收大量因国家海洋公园建设而放弃原有传统产业的当地居民就业，使其继续从事与原来行业相关的工作，从而缓和当地社区居民与公园开发建设所产生的矛盾，稳定社区中利益相关者的关系，提高当地居民保护海洋生态环境与自然资源的意识和积极性。此外，发展生态旅游业所产生的经济效益除了个人和集

体创收外，多余的部分也可用于国家海洋公园的建设与维护，这不仅拓宽了公园建设与管理经费的来源，也缓解了当地政府的压力，实现国家海洋公园的良性循环发展。

6.2.4 完善法律法规，实施生态补偿制度

虽然目前我国已经颁布了《中华人民共和国海洋环境保护法》《中华人民共和国海岛保护法》《中华人民共和国海域使用管理法》《海洋自然保护区管理办法》《海洋特别保护区管理办法》《国家级海洋保护区规范化建设与管理指南》《国家级海洋公园评审标准》《中华人民共和国水生动植物自然保护区管理办法》《中华人民共和国水产资源繁殖保护条例》等，但这些法律法规只是对国家海洋公园做出了原则性的规定，对于国家海洋公园的具体管理操作规范仍然缺乏明确统一的法律文件支持。

因此，我们需要以当前的立法为基础，通过调查、征求意见与综合研究，出台一套专门针对国家海洋公园的立法及相关管理规定的法律体系，从而确保国家海洋公园自然资源利用与生态环境保护的法制化，对国家海洋公园自然资源开发与利用、海洋生态环境的保护与管理、海洋保护工作的投入与补偿、保护与开发的关系调节等进行统一的规定与协调。

此外，要顺利实现国家海洋公园开发与保护的协调，离不开当地社区民众的参与和支持。国家海洋公园的建设，使当地部分居民失去了赖以生存的产业，这样就加剧了当地居民与公园建设之间的矛盾，大大降低了当地居民对公园建设的接受程度，无形中增大了公园管理的难度，使公园开发与保护协调难以实现。因此，我们应该在当前相关立法的基础上，参考有关海洋保护区生态补偿标准模型（陈克亮等，2018），并结合各国家海洋公园的实际情况，开展国家海洋公园的生态补偿研究和实践，制定国家海洋公园的生态补偿办法（或条例），依照确定的标准给予因公园建设而影响生计的居民一定程度上的经济补偿，同时也对在国家海洋公园生态环境保护方面做出贡献的单位或个人进行补偿，提高当地居民参与国家海洋公园建设与管理的积极性，从而更有利于进一步妥善解决开发与保护之间的矛盾。

6.2.5 普及相关知识，提高公众的海洋环境保护意识

国家海洋公园若要实现开发与保护的协调发展和更为有效的管理，就必须建立在当地社区、居民自觉参与的基础上（王恒，2014）。因此，在国家海洋公园的建设与管理中，

我们应加强海洋公园概念及作用、海洋生态环境与自然资源保护意义等基础知识的普及，提高社会公众的海洋环境保护意识，使其能全面认识并熟悉国家海洋公园建设的目的、意义，以及国家海洋公园所具备的开发与保护的双重功能，这样才能让公园建设及海洋环境保护的理念深入人心，获得广泛的社会支持，从而有助于顺利地协调国家海洋公园在建设发展过程中所面临的开发利用活动与生态环境保护之间、利益相关者之间的矛盾和冲突。

第7章　国家海洋公园利益相关者参与和反馈机制

7.1　作用和意义

利益相关者参与是可持续发展的一项基本原则和基本保证，公民通过一定的程序和途径参与一切与社会、经济及环境利益相关的决策活动，使决策符合广大公众的切身利益。正确认识并处理好生态文明建设中各个参与主体的利益诉求，是推动形成人与自然和谐发展现代化建设新格局的重要保障（杨加猛等，2018）。事实证明，利益相关者参与作为一项基本原则在决策中发挥着特殊的作用，无论是从维护公众的基本权益，还是提高决策质量等方面，利益相关者参与的作用都是不可替代的（吴侃侃，2012）。

7.2　主要内容

7.2.1　利益相关者参与和反馈贯穿国家海洋公园建设与管理决策全过程

决策是决策者为到达一定的目标，采用一定的科学方法和手段，通过分析和比较，从两个以上的方案中选择一个满意方案的分析判断过程，它包含了社会-环境-经济三方面影响之间的相互协调（过孝民，1997）。

就国家海洋公园建设与管理而言，公园的选址、建设、规划与管理是一个重要的决策过程，不仅要综合考虑选划论证和总体规划分析结果，同时还考虑社会经济条件、伦理道德、公众意识等诸多因素。不同的利益相关者由于各自所处地位的不同，将会对决策结果会产生不同的意见。由于国家海洋公园建设与管理过程涉及的利益相关者较多（主要包括政府、企业、非政府组织、科研机构、社区居民、其他公众等），任何一个环节的失误所产生的社会、经济、资源和环境影响将具有长期性、复杂性、不确定性和不可弥补的严重性。当前，我国国家海洋公园的社区共管制度仅仅只是集中在公园建成后的管理决策层面，利益相关者很少介入国家海洋公园建设初期的目标设定、选址及总体规划的过程中，这对于国家海洋公园的整个建设与管理过程而言是远远不够的。

因此，我们应将利益相关者参与和反馈机制贯穿到国家海洋公园建设与管理决策全过程。让各利益相关方参与到国家海洋公园建设与管理决策的各过程中，明确各利益相关者之间的关系，以积极的态度来协调和维护各利益相关者的利益，这样才能更好地发挥公众的力量，在决策源头更为全面、客观地识别公园建设可能造成的影响和风险。同时，这样还能平衡各方面的利益，并及时反馈到决策过程中，对海洋公园建设与保护目标的设定、选址、规划、管理等存在的问题进行及时的修订，不但可以为提高决策质量，实现国家海洋公园科学的建设与管理提供参考依据，而且也可以在一定程度上有助于减少或避免因决策失误造成的损失，实现社会公众从国家海洋公园的建设与管理中获取最优的社会、经济、资源和生态效益。

7.2.2　充分发挥政府部门的协调与监管作用，加强利益相关者之间的沟通

在国家海洋公园建设与管理过程中，国家海洋公园的管理机构应首先与当地政府及各相关部门开展各项协调工作，根据公园所在区域的自然属性和社会经济特征，开展国家海洋公园建设的可行性、必要性分析，统筹协调公园所在区域经济发展与生态环境保护之间的关系，并取得地方政府的积极支持。此外，地方政府也应该与当地国家海洋公园管理机构相互配合，不仅要协调与公园建设和管理所涉及的有关主管部门之间（如交通、水利、环保等行政管理部门）的关系，明确各自的职责范围，而且还要与上述相关部门共同开展公园的监管，开展包括自然资源合理利用和生态环境保护在内的生态文明建设，通过督促企业的合理开发建设，获得社区居民及其他社会公众的更多支持。

国家海洋公园管理机构还应发挥带头作用，通过书面文件、协调会议、工作调研等方式与地方政府及有关部门开展有效的沟通，并召集国家海洋公园的建设单位、企业、当地社区居民、非政府组织、科研机构、社会公众代表等利益相关者等定期召开碰头会、协调会，针对公园建设与管理过程中遇到的某特殊问题召开会议磋商，听取各利益相关方的意见，发现公园建设与管理中的问题，并及时进行反馈，提出改进措施。此外，还应利用各种信息手段，如网站、当地媒体、报刊及微信公众号等手段，实现信息公开，不断建立和

完善公开、透明的沟通机制，加强各利益相关者之间的沟通和交流，不断增加公园有关信息的透明度，促使各利益相关者履行各自的责任。

7.2.3 建立多方参与共管机制

积极推行公众参与式社区管理，按照生态环境保护与社会服务需求设立生态管护和社会服务公益岗位，优先安排当地社区居民，通过签订合作保护协议或乡规民约共同保护国家海洋公园内的自然资源；建立健全国家海洋公园志愿者招募、注册、培训、服务和激励机制，将志愿服务扩展到资源保护、宣传教育、科研协助、环境治理、应急服务等领域；建立健全国家海洋公园的社会捐赠制度，制定相关配套政策，吸收企业、公益组织和个人参与公园生态保护、建设与发展，鼓励社会资本承担自然资源保护和生态恢复治理项目，依法享受相关税收优惠政策。

7.2.4 充分发挥非政府组织、科研机构作用，提高企业与社区居民的参与意识

非政府组织和科研机构与企业、社会公众相比，在某种程度上更注重国家海洋公园的生态环境保护，在当前我国以经济发展为首要任务的背景下，他们的意见从一定程度上能影响国家海洋公园建设与管理过程中开发与保护的协调与平衡，从而促进国家海洋公园功能的充分发挥和综合效益达到最优。因此，我们要结合我国的国情和实际，充分借鉴美国、加拿大等国家的成功经验，让非政府组织、科研机构也积极地参与到国家海洋公园建设与管理的决策过程中来，充分考虑他们的建议和意见，使公园的建设与管理更加科学合理。

此外，非政府组织可以凭借其影响力和宣传手段，在吸收社会各界资金，拓宽国家海洋公园建设资金渠道的同时，进一步提高企业、社会公众对公园建设的关注（朱华晟等，2013）。因此，国家海洋公园管理机构应该充分重视和发挥非政府组织和科研机构的作用，让非政府组织和科研机构通过宣传、科普、教育等活动，不断提高企业、社区居民、社会公众对公园的认知和生态环境保护意识，提高他们参与公园建设与管理的积极性，从而在一定程度上减少各利益相关者之间的矛盾，使国家海洋公园的建设和管理得到社会的支持和认同，促进国家海洋公园的建设与管理顺利开展。

第 8 章　国家海洋公园管理机制

完善的管理机制，是国家海洋公园选址、建设、规划及后期运营管理顺利得以开展实施的制度保障。本章根据当前我国国家海洋公园在管理体制上存在的问题（详见第 3 章），在综合借鉴国内外国家（海洋）公园建设与管理成功经验的基础上，分别从立法、政策保障、组织管理体制、分区管理制度、生态补偿制度、管理资金保障制度、科研和人力机制、社区共管制度，以及其他管理措施八个方面对国家海洋公园的管理机制进行阐述，并提出相关的建议。

8.1　立法与政策保障

8.1.1　立法

法律法规是推动国家政策实施的基础与保障。国际上一些国家（海洋）公园建设与管理之所以比较成功，是因为其完善的法律法规在国家（海洋）公园的建设与管理过程中发挥着重要的作用（如美国、加拿大、日本、澳大利亚、英国等）。例如，美国的《黄石公园法案》、加拿大的《加拿大国家公园法》、日本的《自然公园法》、澳大利亚的《大堡礁海洋公园法案》，都是通过制定具体的、有针对性的专门法律，使国家（海洋）公园可以有序、高效地运行（王晓林，2014）。

根据国外成功经验，国家首先应制定和颁布与国家（海洋）公园相关的立法及管理规定，规定国家（海洋）公园的性质与定位、管理体制、体系构成、规划建设程序、管理目标等，然后开始规划建设国家（海洋）公园，从而避免地方上各有关部门根据自身职能和利益来规划建设国家（海洋）公园，造成混乱局面（欧阳志云和徐卫华，2014）。

目前，我国国家海洋公园立法还处于起步阶段。尽管当前已陆续颁布了《中华人民共和国海洋环境保护法》《海洋特别保护区管理办法》《海洋特别保护区规范化建设与管理指南》等有关法律、法规和技术规范，并为国家海洋公园的建设与管理提供了法律依据和指导依据，但这些法律、法规和技术规范只是针对海洋特别保护区做出了原则性的规定，目前仍然没有专门的立法来规范国家海洋公园的建设与管理，有关国家海洋公园的规章制度尚属空白。

要构建完善的国家海洋公园管理体制，单单靠上述的法律、法规与技术规范是远远不够的，具有很大的局限性，对利益相关者的法律约束力也不强。因此，应依据现有法律、法规，在广泛调查、征求意见与综合研究的基础上，不仅要促进当前的《海洋特别保护区管理办法》上升到法律层面（如《海洋特别保护区法》），而且要尽快出台专属国家海洋公园的法律（如《国家海洋公园法》）及相关配套的、具有可操作性的条例或细则（如《国家海洋公园管理办法（或条例）》），进一步明确国家海洋公园的法律地位、管理体制（包括管理模式和机构设置）、资源开发和生态环境保护协调机制、生态补偿制度、监督管理、公众参与、法律责任和义务等方面的内容，为构建我国完善的国家海洋公园管理机制提供法律保障。

8.1.2 政策保障

在完善国家海洋公园相关法律的基础上，各地国家海洋公园管理机构（如××国家海洋公园管理处）还应结合公园所在区域的自然属性、社会经济和生态环境特点，以相关法律及条例（如未来可能制定的《海洋特别保护区法》《国家海洋公园法》或《国家海洋公园管理办法（或条例）》）为依据，因地制宜地制定更为详细的国家海洋公园的管理办法（如《××国家海洋公园管理办法》等）。通过管理办法的制定，规定国家海洋公园的性质与定位、管理体制、体系构成及具体的管理措施。

此外，我们还应该借鉴国际上一些国家的成功经验（如加拿大、澳大利亚等），在国家海洋公园管理办法的基础上，根据各地国家海洋公园的实际情况，编制总体规划、专项规划、工作管理计划，提出相应的自然资源管理措施、生态环境保护措施、旅游开发管理措施（包括环境容量和旅游基础设施评价、宣传、线路设置等）、土地利用管理措施及社区居民管理措施等，不断完善各地国家海洋公园的管理政策体系，为国家海洋公园经营管理的顺利开展提供有力保障。

8.2　组织管理体制

8.2.1　管理模式

2018 年 3 月前，中国自然保护区大部分由林业部门管理，还有部分归环保部门、农业部门、国土部门、水利部门、海洋部门、中科院等管理。2018 年 3 月，国务院机构改革新组建自然资源部，将国家林业局的职责、农业部的草原监督管理职责，以及国土资源部、住房和城乡建设部、水利部、农业部、国家海洋局等部门的自然保护区、风景名胜区、自然遗产、地质公园等的管理职责整合，组建国家林业和草原局（加挂国家公园管理局牌子），由自然资源部管理，主要负责监督管理森林、草原、湿地、荒漠和陆生野生动植物资源开发利用和保护，管理国家公园等各类自然保护地等，各类海洋保护区（包括国家海洋公园）也纳入国家林业和草原局进行统一管理。

2019 年 6 月，中共中央办公厅、国务院办公厅印发的《关于建立以国家公园为主体的自然保护地体系的指导意见》中指出："将国家公园等自然保护地分为中央直接管理、中央地方共同管理和地方管理 3 类，实行分级设立、分级管理。中央直接管理和中央地方共同管理的自然保护地由国家批准设立；地方管理的自然保护地由省级政府批准设立。"

在上述背景下，为进一步贯彻落实"陆海统筹、区域联动"机制，提高国家海洋公园的综合管理能力和管理效率，实现国家海洋公园开发与保护协调和可持续发展，本书建议，我国国家海洋公园的建设与管理应该根据当前具体国情、机构改革现状及我国国家海洋公园的特点，并借鉴国际上的成功管理经验，在管理体制上拟采用国家层面统管全局，地方政府及相关行政管理部门负责配合与协调的管理模式，即实行中央地方共同管理的管理体制。由国家林业和草原局负责全国范围国家海洋公园的监督管理，并在地方层面设置管理机构直接负责国家海洋公园的建设、规划、开发利用、保护、经营管理等工作，各国家海洋公园所在区域的地方政府及相关部门负责配合与协调管理。

8.2.2　管理机构设置

根据上述建议的管理模式，本节在结合国内外成功经验和当前我国机构改革现状的基础上，分别从国家层面和地方层面提出国家海洋公园管理机构设置的有关设想。

8.2.2.1 国家层面

目前，国家林业和草原局设立了自然保护地管理司统一负责我国自然保护地体系，包括国家公园、自然保护区、世界自然遗产、世界自然与文化双重遗产、地质遗迹、矿业遗迹、地质公园、风景名胜区、海洋特别保护区、各类自然保护地等的行政管理工作，具体包括全国范围内自然保护地的管理办法制定、建设规划、审批、监督管理等工作。其中，与国家海洋公园有关的工作由自然保护地管理司下设的海洋保护地管理处具体负责。

8.2.2.2 地方层面

由于国家海洋公园建设与管理的具体事务涉及地方政府、环保、交通、农业、旅游、当地社区、社会公众等多个利益相关方，所以，在公园的建设与日常管理过程中势必存在着诸多难以协调的问题。目前，在地方层面上，各地的国家海洋公园中并没有形成统一的管理体系，多数的国家海洋公园尚未成立专门的管理机构（如烟台山国家级海洋公园等），大多数则由地方海洋渔业主管部门代管。

此外，少数的国家海洋公园虽然成立了专门的国家（海洋）公园管理处，但管理权限仍不集中，责任分配还不明确（部分管理权仍属于地方政府或相关部门），公园具体建设与管理工作仍存在着多部门共管，职能交叉与重复的现象。

上述这些现象将不利于国家海洋公园具体建设和管理工作的开展与实施。因此，为协调并处理好国家海洋公园建设与管理过程所涉及各利益相关方之间的关系，提高海洋公园管理的效率和效果，使各地国家海洋公园建设有序、快速、顺利开展，实现公园生态环境效益和经济社会效益的双赢（吴瑞和王道儒，2013），本节提出各地国家海洋公园管理机构设置的有关设想。

1）成立国家海洋公园管理处

国家海洋公园在所在地成立之后，为使国家海洋公园建设与管理的日常具体工作有专门部门执行，应依据有关的法律法规，在各国家海洋公园所在地分别成立国家海洋公园管理机构（如××国家海洋公园管理处），成为地方（省级）自然资源行政主管部门隶属的一个独立机构，并接受国家林业和草原局自然保护地管理司的领导管理和业务指导，全权负责该地方国家海洋公园的具体建设、日常维护和运营，以及执法管理工作。

此外，为解决国家海洋公园开发与保护相协调的问题，提高公园建设与管理的效率，建议在上述提及的国家海洋公园相关立法和管理办法中，进一步完善各地国家海洋公园管理处主要领导的任职制度，拟采用中央与地方政府共同管理的模式；各国家海洋公园管理处下属科室及相应职责，则需要根据各自公园所在区域的自然资源、社会经济和生态环境现状和特点，依实际情况设置。

2）成立国家海洋公园协调与社区共管小组

各地国家海洋公园在申报、建设与管理的过程中，不可避免会涉及公园所在地方的旅游、环保、建设、交通、水利和农业等多个部门的利益，也会影响当地社区居民的生活生产方式。因此，首先应在国家海洋公园所在地成立一个国家海洋公园协调与社区共管小组，作为各地国家海洋公园管理处的一个重要职能部门，专门开展公园各部门、社区居民、经营企业等利益相关者之间的协调工作。

3）设立国家海洋公园建设专家咨询委员会

建议各地的国家海洋公园机构可以从国内或公园所在地的各大高校、科研机构聘请著名的海洋、旅游、园林、生态、环境、历史、文化、建设、经济等领域的专家和学者，组成国家海洋公园建设专家咨询委员会，选举在海洋公园建设与管理方面经验丰富的专家作为委员会主任。国家海洋公园建设专家咨询委员会为国家海洋公园管理处提供技术服务，负责国家海洋公园建设和日常管理过程中公园规划及功能区划、公园开发利用、自然资源和生态环境保护及管理绩效评估等技术咨询和相关论证工作，从而为公园的建设与管理提供科学的参考意见，提高海洋公园的科学管理水平。

综上所述，在完善国家海洋公园相关法律法规的基础上，我国国家海洋公园管理体制可采用国家层面统管全局，地方政府与相关行政管理部门、其他利益相关者负责配合与协调的垂直管理模式。该管理模式的优点在于：宏观上将所有自然保护地（含国家海洋公园）纳入统一管理，有利于解决空间规划重叠的问题；在管理体制上，将从根本上解决行政职能条块分割，地方不同管理部门职能交叉重叠等问题，促进国家海洋公园建设与管理更加规范和高效；从管理能力上来看，在自上而下、统一监管体制下，便于顶层理念、政策方针和法律规范的贯彻落实，在统一管理机构的统筹指导和监督下，国家海洋公园的实际管理效率和能力建设会得到显著提升。

8.3 分区管理制度

分区管理以威胁的程度、分布和转移为导向，是面对具体的威胁而设置的区域，因此会随着胁迫因子的变化而变化。如经过一段时间，通过监测和评估，发现某种胁迫因子已不存在，总体威胁程度有所降低，那么，针对该区域的管理措施则需进行调整，并根据新的情况，再进一步划分相应的管理分区。因此，进行分区管控将有利于国家海洋公园针对主要的胁迫因子进行减缓或消除的措施的制定和实施，有利于主要保护对象的有效保护。

当前，我国国家（海洋）公园功能区划正处于起步阶段，相关功能分区的理论研究较少，目前还没有一个统一的区划方法体系和标准，国家海洋公园分区管理制度（包括各功能区的保护目的、保护程度、具体管控要求等）尚不完善。《海洋特别保护区管理办法》（以下简称《办法》）和《海洋特别保护区功能分区和总体规划编制技术导则》（HY/T 118—2010）（以下简称《导则》）虽然为国家海洋公园功能分区提供了参考，但是其中有关内容只是属于原则性的规定；此外，鉴于国家海洋公园是兼具开发与保护两种功能的一种特殊的海洋特别保护区类型，加之各地国家海洋公园自身的具体情况各不相同，因此，本书建议国家海洋公园的功能分区和管理需在上述《办法》和《导则》的基础上进一步完善，实施更为严格的“分区指导和分类管理”，从而更加科学地开发和保护国家海洋公园，实现国家海洋公园综合效益的协调统一。

本节在借鉴国内外成功经验的基础上，结合《办法》《导则》及我国国家海洋公园功能分区的实践情况，提出了未来完善我国国家海洋公园分区管理制度的建议。

8.3.1 构建国家海洋公园功能分区的方法指标体系

在管理开发国家海洋公园过程中，功能区划为国家海洋公园管理机构制定海洋特别保护区总体规划，资源合理利用与布局、保护区域生态环境，以及实行分区管理提供了科学依据和管理手段。

因此，我们要在国家海洋公园功能区划的过程中，对公园所在区域开展详细的生态环境保护与自然资源利用现状的评价，总结和描述未来公园建设与管理在自然、人为、社会经济、资源、环境等方面的制约因素，对未来开发与保护的具体需求开展科学的预测，从用海现状分析、生态环境现状评价、适宜性评价、环境影响评价等方面进行分区论证，从社会、经济、生态与资源四个方面建立功能分区指标体系，并结合有关的功能分区理论和方法（如专家评判法、层次分析法、多准则决策分析法、多维决策分析法、地理信息系统等），形成并完善国家海洋公园功能分区有关的方法指标体系，为国家海洋公园分区管理进一步奠定基础并提供科学的指导。

8.3.2　进一步明确功能区总体布局、主导功能和分区管控要求

参照本书第 8.3.1 节中拟构建的国家海洋公园功能分区方法指标体系，根据公园所在区域的自然属性及其与海洋功能区划、城市总体规划、海洋生态红线保护规划等规划的衔接性，进一步明确公园的总体布局，明确各功能分区的名称、地理位置、面积、基本特征、主导功能、开发和保护的需求，并在此基础上明确各功能分区的制约因素和需要保护（修复）的对象，提出各功能分区的管控措施，明确公园各功能分区在建设与管理中所应该遵守的相关法规、具体的生态环境保护（修复）措施、适宜开展的开发利用活动，以及限制或禁止的开发利用活动等。

8.3.3　明确制约因素

通过参与式调查、野外巡查、头脑风暴法，确定目前该保护区面临的不同胁迫因子，进行综合评估，明确其类型、分布、强度，并勾绘于地图上。

依据制约因素分布图，划分不同的管理区域。根据每个区域存在的胁迫因子，制定对应的消除或减缓措施。一般而言，制约因素较弱、对保护成效产生负面影响较小的区域，管理力度稍弱些；而制约因素较多的区域，直接影响到保护成效时，管理力度就要加强，需要投入更多的人力、物力和财力。

8.3.4　拓宽公众参与的渠道

利益相关者参与被认为是国外海洋空间规划成功管理的关键因素。例如，比利时、荷兰、德国、美国等，在海洋空间规划组织调查阶段和规划阶段，都组织了尽可能多的利益相关者参与，这样有利于充分收集信息，了解相关海域存在的发展机会或冲突问题，也有利于更加准确地认知海洋空间规划的目标和宗旨（许莉，2015）。作为海洋空间规划的一

种类型，国家海洋公园的功能区划工作也应该积极借鉴国外海洋空间规划的一些经验，从而进一步提升国家海洋公园功能区划的科学决策水平。目前，我国国家海洋公园功能区划大部分仍然是根据《办法》和《导则》的要求进行制定，利益相关者参与的程度还远远不够。

因此，我们应该在国家海洋公园功能区划过程中，根据已构建的国家海洋公园功能区划方法指标体系，提高公园所在区域的公众参与程度，广泛听取地方行政管理部门代表、专家、社会团体及社区民众等利益相关者的意见，建立并完善利益相关者参与和反馈机制，实现多元主体共同参与的功能区划模式；此外，我们还应该利用媒体、互联网等信息传播方式发送有关的文件、图件及其他相关数据，使公众更好地熟悉和理解公园建设与管理的相关信息，提高公众参与和保护意识，增加他们对国家海洋公园功能区划最终决策的参与和支持，提高国家海洋公园功能区划的科学性和可行性。

8.4 生态补偿制度

国家海洋公园建设与管理离不开保护区管理部门及周边居民、企业等利益相关者的支持与参与，对协调公园建设管理与周边利益相关者的利益关系，维护社会公平，拓宽公园建设与管理资金渠道，促进利益相关者参与公园建设与管理的积极性都具有十分重要的意义。因此，我国积极推动海洋生态保护补偿机制的建立，并通过国家立法（《中华人民共和国海洋环境保护法》第二十四条）将生态保护补偿制度予以确立。

目前，中央和地方各级人民政府都十分重视海洋生态保护补偿工作的开展，积极开展部门立法和地方立法工作，努力将生态保护补偿制度予以落实。例如，国务院办公厅于2016年印发了《关于健全生态保护补偿机制的意见》（国办发〔2016〕31号），山东省制定出台了《山东省海洋生态补偿管理办法》，厦门市制定实施了《厦门市海洋生态补偿管理办法》，三亚市出台了《三亚市潜水活动珊瑚礁生态损失补偿办法》等（陈克亮等，2018）。虽然上述这些政策规定在一定程度上推动了我国海洋保护区生态保护补偿工作的进展，但是目前我国生态补偿研究和实践开展仍然较多地集中在陆域部分，基本建立了陆域生态保护补偿机制，而关于海洋生态保护补偿尤其是海洋保护区（包括国家海洋公园）的生态补偿机制研究仍然较为缺乏，海洋（保护区）生态保护补偿机制仍不完善（陈克亮等，2018）。

鉴于此，本节在借鉴国内外海洋保护区生态保护补偿有关研究和实践经验的基础上，提出我国国家海洋公园生态补偿制度建设的几点建议。

8.4.1　明确国家海洋公园的生态补偿方式

就海洋生态补偿而言，目前一般的补偿方式包括了资金补偿、实物补偿、政策补偿和技术补偿。相关研究和实践经验证明，当前国家海洋公园生态补偿的难点在于公园建立之后如何解决其所在区域社区民众的替代生计问题。因此，应采取短期内侧重于资金补偿方式，缓解当地社区居民暂时的经济困难，长期采取政策补偿和技术补偿相结合的方式，在增加就业机会、开展相关培训、转变生产方式、提高民众生活水平等方面予以支持（邱婧等，2009；陈克亮等，2018）。

8.4.2　完善生态补偿的途径

目前，我国海洋生态保护补偿还不完善，需要进一步完善海洋保护区（包括国家海洋公园）生态补偿以政府为主导，依靠国家财政的转移支付为主导的多元化和市场化的生态补偿机制，将国家海洋公园所在区域社区居民损失的机会成本纳入生态补偿金的范围。

随着国家海洋公园建设规模的增加，不能完全依靠政府财政转移支付的力度，应大力发展市场主导的生态补偿途径，构建良好的市场交易机制。通过政府引导，使国家海洋公园的开发利用者在从事生产经营活动前，按照市场交易方式对公园管理部门、当地社区居民及其他利益相关者进行适度的补偿。此外，还应重视社会捐赠在国家海洋公园生态补偿中的作用，通过加强生态环境保护宣传教育，积极申请国内外有关环保机构和组织的资金支持和技术援助等途径，发挥社会力量推动国家海洋公园生态补偿途径的进一步完善。

8.4.3　加强生态补偿标准制定的相关研究

为了更加公平地分配和平衡利益相关者之间的利益关系，构建更为完善的国家海洋公园生态补偿机制，应当进一步加强开展国家海洋公园生态补偿标准制定的相关研究工作，明确国家海洋公园的补偿范围和补偿标准。国家海洋公园生态补偿标准应该综合考虑公园生态系统服务价值、建设维护成本和当地社区居民机会成本损失等多方面的因素，并结合简单、实用、科学、可操作性的原则进行综合权衡和评估。

此外，在生态补偿标准制定的研究过程中，也应该明确生态补偿适用主体的相关问题。笔者在总结相关研究的基础上认为，国家海洋公园生态补偿标准的适用主体应当尽可能地涵盖主要的利益相关者，如国家有关政府部门、国家海洋公园管理机构、地方政府、市场交易主体等都应该当成为国家海洋公园生态补偿标准的适用主体。

8.4.4 构建生态补偿资金管理机制

8.4.4.1 筹集机制

目前，海洋生态补偿金的来源主要包括了海洋工程排污费、倾倒费、海域使用金、海洋工程建设生态补偿金、突发事故生态补偿金，以及国家财政拨款（陈克亮等，2018）。借鉴国内外有关经验，笔者认为，目前应通过多渠道的方式来完善国家海洋公园生态补偿金的筹集机制。

首先，我们应该制定完善的国家海洋公园相关法律及管理办法，给国家海洋公园生态补偿金征收提供法律层面的支持；其次，我们应该进一步加强国家海洋公园生态补偿标准的相关研究，为公园生态补偿资金的收取提供科学的参考依据；最后，我们还应该拓展生态补偿金的来源途径，除国家财政转移支付外，还应积极推动市场主体、社会公众、非政府组织、环保组织等利益相关者参与到国家海洋公园的生态补偿中，通过社会捐赠的方式来筹集国家海洋公园的生态补偿经费。

8.4.4.2 预算和分配机制

在资金预算方面，中央和地方应当在编制每年的财政预算时将国家海洋公园的生态补偿金部分单独列出，分别建立中央预算和地方预算；此外，在制定下一年国家海洋公园生态补偿预算时要根据往年的经验和当年的需求，选择和分配各种补偿方式所使用资金的比例，尽可能实现国家海洋公园生态补偿资金的收支平衡。

在资金的分配机制方面，可采用市场自由分配方式和政策计划分配方式（如清理海洋垃圾、开展科研等）相结合的模式（沈海翠，2013；陈克亮等，2018）。市场自由分配方式能够适应国家海洋公园不断变化发展的补偿需要，有利于形成公园生态补偿金增长的长效机制；政策计划分配方式则有利于将公园生态补偿资金在短期内用于效果显著的生态补偿项目，提高国家海洋公园生态补偿金的使用效率。

8.4.4.3　监督机制

为避免腐败滋生、资金使用效率低下、权力寻租等问题，国家海洋公园生态补偿金的筹集、预算、分配、使用等过程中应该构建完善的监督机制（陈克亮等，2018）。

在总结相关研究的基础上，笔者认为，国家海洋公园的监督机制可采用内部监督、法律监督和社会监督三种模式同时进行构建。内部监督机制主要依靠财政、审计、相关行政管理部门内部监督机关的监督等来实现；法律监督主要是依靠国家制定的有关国家海洋公园法律法规、海洋生态补偿的法律法规，由国家行政主管部门严格按照法律执行，若存在违法情况，则由司法部门追究相关责任人的行政或刑事责任；社会监督主要是依靠信息公开、舆论监督、公众参与等途径实现。

8.5　管理资金保障制度

当前，中国国家海洋公园建设和管理的经费主要来源于国家政府财政支持，经费来源主要有中央分成海域使用金支出项目（环保类）资金和海洋生态修复及能力建设相关的专项资金（如蓝色海湾整治项目、南红北柳工程等），主要用于开展国家海洋公园保护和管理能力建设、基础设施规划及建设、科研监测能力、宣传教育及制度规划编制等工作；沿海县级以上人民政府海洋行政主管部门会同同级财政部门设立海洋生态保护专项资金，用于海洋特别保护区的选划、建设和管理，这部分资金主要用于基础设施建设和日常管理经费。

然而，国家海洋公园的建设是一个跨部门、跨行业的综合性系统工程，需要投入的资金较多，因此，拥有充足的资金来源和保障，是国家海洋公园顺利开展建设与管理的主要基础条件之一。从本书第 3 章表 3-1 中可以看出，国家海洋公园建设具有海洋生态环境保护、海洋科普教育、旅游休憩、社区建设与改造四大经费需求，国家海洋公园除了基础设施建设及与各大功能相匹配的设施（或工程）建设之外，还同时需要在建设过程中进行日常的运营和管理，这些都对国家海洋公园资金的需求量提出了很高的要求。如果国家海洋公园的建设与运营仅仅只是依靠中央或地方政府的财政笔款，那么公园的建设与后期的管理势必无法顺利进行。因此，在国家海洋公园建设与管理的过程中，我们要本着“政府为主，多方参与的原则”，多方筹集资金，积极地拓展融资渠道，构建完善的国家海洋公园管理资金保障制度。本书将主要对策建议归纳为以下三点。

8.5.1 增加政府对国家海洋公园的投入

借鉴国外成功的经验，笔者建议，未来应将国家海洋公园建设及运营的费用纳入中央政府财政总预算，将公园建设纳入国民经济和社会发展计划，按照分级原则纳入同级地方人民政府的财政预算；此外，中央或地方有关政府部门应该根据相关的海洋生态补偿制度和补偿标准，对一些开发利用活动收取生态补偿金，并将部分补偿金投入到国家海洋公园的建设与运营中，增加政府部门对国家海洋公园的财政投入。

8.5.2 鼓励自主创收

仅仅依靠中央和地方政府的财政投入，国家海洋公园的建设与运营势必无法顺利进行，国家海洋公园本身也应该要寻求自给自养的途径。因此，我们在增加政府部门对国家海洋公园财政支持的同时，也应该因地制宜，充分利用各地国家海洋公园在自然资源价值和区域经济上的特色与优势，提高国家海洋公园的自主创收能力。例如，国家海洋公园可以通过适度发展生态旅游、收取公园门票、提供科学知识和信息服务、建立科普基地、发展生态养殖等方式实现自主创收，从而弥补建设与运营资金上的不足。

8.5.3 吸纳社会资金

国家海洋公园的管理部门可以鼓励社会资金投入到公园的建设与生态环境保护中来，通过国家海洋公园科普知识、海洋生态环境保护教育等公益宣传方式，争取社会团体或个人捐助、国际公益资金、国家生态文明建设基础科研立项等，从而保证国家海洋公园建设与运营资金链的顺畅。

此外，我们可以学习国际上成功的管理经验，在各国家海洋公园所在区域成立国家海洋公园基金会，作为联系公私两方机构的桥梁，整合社会零散的资金来源，并协助国家海洋公园管理机构的资金管理工作。

8.6 科研和人力机制

借鉴国外国家（海洋）公园建设与管理的成功经验及其给我们的启示，我国国家海洋公园要实现更加科学的建设与规范化管理，就需要国家海洋公园管理机构重点从科研机制与人力资源机制两个方面来提高国家海洋公园的科学建设与管理水平。

8.6.1　开展监测调查和信息公开，建立基础数据库

作为国家海洋公园管理工作的主要内容和重要支撑，日常的科学调查、监测、监控和信息数据系统建设是提升国家海洋公园规范化管理水平和执法能力的科技保障。因此，应定期对国家海洋公园所在区域主要保护对象的现状、自然资源分布及生态环境状况开展科学监测和本底调查活动，了解其存在的问题和变化发展的趋势；同时，还应对国家海洋公园所在区域内的污染源排放与防治、生态环境保护与修复、近岸海域环境敏感区及敏感目标、旅游资源的开发利用、自然与人为灾害风险等情况开展专项的调查与监测，加强监测基础设施和技术指标体系的建设，并在此基础上构建国家海洋公园的基础数据库平台，为未来国家海洋公园的建设规划、生态环境保护、资源开发利用及环境管理制度建立提供科学的决策依据。

此外，各国家海洋公园还应建立并定期维护自己的网站或网页，及时发布和更新相关预报和环境状况信息，便于市民游客了解与查询，也便于开展国家海洋公园的科普宣传与环保教育工作。

8.6.2　加强科研合作，构建完善的技术方法体系

通过聘请经验丰富的专家、学者到国家海洋公园传授经验、试验和推广科研成果，与有关科研、教学单位建立广泛的科研合作关系，提高国家海洋公园的科研水平，不断提升全国范围内国家海洋公园生态环境保护的基础调查、监测和评价能力。对国家海洋公园所在区域的滨海岸线、旅游海滩、海水养殖区、滨海湿地、滨海自然景观等自然资源与生态环境受损情况进行重点评价，开展公园内受损生态系统的综合整治修复与保护的关键技术研究，并建立完善国家海洋公园选划、规划等工作的后评估体系。

国家海洋公园的建设与管理（包括选划论证、总体规划、运营管理等环节）都需要足够的科学支撑。当前，国家已颁布了《海洋特别保护区选划论证技术导则》（GB/T 25054—2010）、《海洋特别保护区分类分级标准》（HY/T 117—2008）、《海洋特别保护区功能分区和总体规划编制技术导则》（HY/T 118—2010）等标准与规范用于指导国家海洋

公园的建设与管理工作。尽管如此，这些标准与规范只是针对海洋特别保护区的建设与管理工作提出了一般的原则、方法、内容及技术方面的要求，目前仍然没有专门的标准与规范来指导国家海洋公园的建设与管理，有关国家海洋公园选址、规划、管理的技术方法研究仍然较少。

因此，应该在今后的科研工作中，结合国家海洋公园的特点，从国家和地方层面着重开展国家海洋公园选址、功能区划、规划、环境影响评价等方面关键技术与理论方法的研究，加强各国家海洋公园基础数据库的建设，主要从社会、经济、资源和生态环境四个方面构建相关技术方法和指标体系，借鉴国内外的相关经验，制定适用于国家海洋公园的各类标准与规范，更好、更有针对性地用于指导国家海洋公园的建设与管理工作，为其提供更为科学的决策依据。

8.6.3 提高科研组织管理水平

为使国家海洋公园的有关科研工作顺利开展实施，应提高国家海洋公园相关科研的组织管理水平。笔者建议国家海洋公园内的科研项目管理实行项目负责人制度，项目负责人全面负责科研项目的组织实施。一般项目的项目负责人可以由各地国家海洋公园管理机构与合作的科研单位直接委任，对于综合性的科研项目，可以实行项目负责人竞聘制。

此外，还应该对科研档案实施统一管理，完善科研档案建档制度，将科研档案交由专人负责，对科研档案实行统一规格、统一形式、统一装订、统一编号；同时，建立档案借阅登记制度，明确借阅人员，以防科研档案丢失、损坏，并根据国家有关的文件精神，切实做好科研档案的保密工作，防止泄密、失密。

8.6.4 稳定科研队伍，提高管理人员水平

在具备充足的资金和完善的基础设施建设等硬件条件前提下，具备一支高水平的科研人才与管理人员组成的队伍，是国家海洋公园建设过程中的重要软件之一，也是国家海洋公园实现科学建设与管理的关键所在。

因此，国家海洋公园应定期开展人才招聘，从社会各方，如高校、科研机构、非政府组织等招募国家海洋公园建设与管理所需的各专业人才，严格控制人才准入门槛和条件(如学历、专业、个人综合素质等)，确保公园建设队伍的整体素质水平；同时，在科研人

员中建立激励机制，把个人的工作业绩与个人的切身利益挂钩，把科研成果与职称、职务的升迁及专业技术培训挂钩。对做出重大科技贡献的科研人员给予重奖，通过改善科研人员的工作和生活条件、提高其待遇等措施稳定现有科技队伍。

此外，目前大部分国家海洋公园在选址建设时，由于兼顾当地社区居民的要求，公园的一部分工作人员是由当地社区居民组成的。这些社区居民普遍教育水平不高，并缺乏专业管理知识。为使国家海洋公园未来的建设和管理可以顺利实施，应在招募高素质人才的同时，对原先这些由当地社区居民组成的工作人员开展专业上岗培训，提高他们的专业知识和管理业务水平，保证公园能够顺利完成日常的建设、生态环境保护、科学研发、生态旅游、运营管理等工作。

8.7　社区共管制度

由于社区居民已经与国家海洋公园所在区域的海洋生态资源建立起了相互依存的关系，如果要建立国家海洋公园，通过剥夺社区居民对自然资源使用的权利，改变他们已有的生活方式，从而实现海洋公园的生态环境保护的做法是很难实现的。

此外，根据本书第 7 章利益相关者参与和反馈机制的有关内容可知，国家海洋公园的建设与管理是一项社会性、群众性及公益性很强的工程，仅仅依靠政府部门或个人的管理将具有很大的局限性，若要实现国家海洋公园建设与管理工作的顺利开展，提高管理效率和科学管理水平，除了相关管理部门的努力之外，也离不开国家海洋公园所在区域社区民众的支持。

因此，应努力构建社区共管制度，把增强社区公众海洋意识、提高社区公众参与度作为国家海洋公园建设与管理工作顺利实施的一项重要保障。只有这样，才能充分考虑利益相关者的生存和发展的需要，调动当地社区居民保护海洋生态资源的积极性，有利于协调国家海洋公园建设过程中开发与保护的矛盾，突出社区居民在公园经营管理过程的参与及主体地位，从而节约政府管理和资源保护成本，有利于实现经济效益与生态效益双赢。

本节在借鉴国内外国家海洋公园相关管理经验的基础上，结合本书第 7 章利益相关者参与和反馈机制的有关内容，从社区共管原则、人员组成、内容和方法三个方面提出构建社区共管制度的对策建议。

8.7.1 社区共管原则

社区共管应秉持开放性、主动性和渐进性原则。国家海洋公园的公益性决定了其管理的开放性，建立一个开放型的国家海洋公园管理机制，要以更开放、更灵活的方式管理公园资源，利益各方义务共担、责任共担；主动性原则是社区有主动承担和组织更广泛的社会资源的义务，代表政府和社会行使公共资源的管理权，较早地介入和分配有权益的社会资源；渐进性原则是指社区管理需要阶段性、有步骤地开放，这一进程还需要以海洋生态环境研究为后盾、科学决策为先导、社会支持系统为保障。

8.7.2 人员组成

国家海洋公园社区管理参与者一般可划分成以下几类。

（1）由当地居民组成的社区。

（2）与国家海洋公园资源管理有直接利益的当地社区。如国家海洋公园涉及的乡镇企业、事业单位的工作人员和行政村委会。

（3）直接进行国家海洋公园内资源商业使用者（如经营的个人、公司等）。

（4）国家海洋公园内资源的短期使用者，如旅游者。

（5）国家海洋公园社区的支持者，如环境保护组织、社会或个人团体、发展援助组织和某些个人。

（6）国家海洋公园的管理机构及当地政府相关行政管理部门（如各地的国家海洋公园管理处，以及旅游、水利、农业、环境部门）等。其中，各地的国家海洋公园管理机构在社区共管中起到了相当重要的作用，包括召集有关方面参加讨论，与政府的其他行政管理部门联系，对引入或执行资源管理实施者给予奖励，必要时加强执法，当有关利益方之间发生争端又不能自行调解时由海洋公园管理机构（管理机构中的协调与社区共管小组详见本书第8.2.2.2节）出面协调解决等。

8.7.3 主要内容和方法

国家海洋公园社区共管的主要内容有：建立共管机制和签订共管协议，参与国家海洋公园管理办法及相关技术规范等编制工作，并共同参与执行；参与国家海洋公园管理系统的学习培训工作；参与国家海洋公园资源的保护宣传与教育工作；参与解决协调国家海洋公园内违章建筑拆除、受损生态环境保护修复等遗留问题；参与国家海洋公园的日常维护与管理事宜；参与国家海洋公园的重大规划与决策。

国家海洋公园社区共管的主要方法包括：建立社区协调与共管组织，成立国家海洋公园社区协调与共管小组（或社区共管委员会），社区协调与共管小组成员由国家海洋公园管理机构代表、企业代表、社区居民代表、地方政府相关行政管理部门代表、科研机构（专家学者）代表、相关社会团体代表等组成。

国家海洋公园社区协调与共管小组实施以下工作：积极鼓励当地社区居民及利益相关者等在协助参与国家海洋公园前期选划论证、规划、申报等工作；协助基层国家海洋公园管理机构参与公园建设、政策制定和管理计划制订和实施、日常监督等工作，为公园决策提供不同利益相关方的参考意见；开展宣传教育，增强民众的环保意识；为社区居民开展信息技术培训并提供信息与技术支持；积极开辟渠道，筹措社区发展基金，建立适当的补偿政策制度和社区发展基金；协调各方关系，扩大社区参与，吸收社区民众，对其开展上岗培训，纳入公园的导游队伍、保安队伍和保洁队伍中，提高公园的共同管理能力。

8.8　其他管理措施

8.8.1　开展管理绩效评估

建立国家海洋公园管理绩效评估体系，将有助于纠正国家海洋公园在建设与管理中存在的问题，化解公园所在区域利益冲突，对区域经济与社会的可持续发展至关重要。因此，作为对国家海洋公园相关管理制度实施的实际效果及有效性进行评估的一种手段，国家海洋公园管理绩效评价是国家海洋公园有关管理制度实施过程中必不可少的重要环节，可为国家海洋公园立法与管理政策的调整及完善提供科学的参考依据。

首先，应把国家海洋公园绩效评价与管理规定纳入国家海洋公园的有关法律体系中，成为国家海洋公园管理制度的一部分，以规章或者规范性文件的形式确立。例如，未来在制定《国家海洋公园绩效评价管理办法（或条例）》的过程中，考虑对公园绩效评价管理工作的内容和程序做出具体规定，同时以附件等方式给出绩效评价的方法和指标，便于有关部门开展绩效评价管理工作。

其次，还应该加强国家海洋公园管理绩效评价过程（如指标选择、制定计划、实施评估工作、评估结果交流和调整管理策略）和关键技术方法的研究。通过借鉴国外的相关研究成果，构建绩效评价的指标（如生态环境指标、社会经济指标和管理指标等）和方法体系，使国家海洋公园管理绩效评价形成独立的技术体系，成为国家海洋公园有关技术规范的一部分，为国家海洋公园管理绩效评价相关法律法规的完善提供科学依据。

最后，还应该构建国家海洋公园绩效监管体系，可以借鉴上述国家海洋公园生态补偿监督机制的模式，在明确绩效计划和目标的基础上，采取内部监管、法律监督和社会监督三种模式同时进行构建，并根据监管的结果对绩效评价体系进行改进和完善。

8.8.2 提高国家海洋公园宣传力度

国家海洋公园的建设是一项社会性、群众性及公益性很强的工程，应该把加强宣传、提高公众参与作为国家海洋公园建设的一项重要保障。积极发挥各种自然保护组织和团体在宣传方面的作用，调动社会各界参与国家海洋公园的建设与管理；充分利用新闻媒体，大力宣传国家海洋公园建设与管理的重要意义，宣传国家的有关政策法规，普及海洋科学知识，调动公众参与海洋生态环境保护的积极性和主动性，提高公众爱护海洋、珍惜海洋的生态环保意识；借助“国际海洋日”等重要契机，举办各种宣传活动，扩大社会影响，树立公众的保护和参与意识，赢得人民群众的理解和支持。

8.8.3 健全国家海洋公园监督机制

国家海洋公园管理部门要充分发挥网络、电视、广播、报纸等新闻媒体的舆论监督和导向作用，大力宣传国家海洋公园建设与管理工作的意义、目标和重点工程，提高公众的关注度和认知度，为公园相关规划的实施营造和谐的社会氛围。此外，建立健全国家海洋公园生态环境保护工作的公众监督机制，搭建公众监督平台和投诉举报渠道，增强相关工作实施的公开性和透明度，听取公众意见，接受公众监督。

第9章　案例分析及改进建议

笔者在我国已建成的国家海洋公园中，选取具有代表性的国家海洋公园（如厦门国家海洋公园、广东特呈岛国家海洋公园、洞头国家海洋公园等），对其有关的选划论证、总体规划等数据资料（由国家海洋局、自然资源部第三海洋研究所提供）进行了收集和归纳总结。

在上述相关数据资料获取和分析的基础上，本章将参照上述所构建的我国国家海洋公园建设与管理机制框架，以厦门国家级海洋公园为例［全国首批（7个）批准建立的国家海洋公园之一］开展案例分析，通过结合当前机构改革的背景及《关于建立以国家公园为主体的自然保护地体系的指导意见》等最新政策文件的有关精神，对厦门国家海洋公园在选址建设、规划及具体管理等研究与实践过程中存在的一些不足提出进一步改进和完善的建议，从而为未来不断完善我国国家海洋公园建设与管理机制提供科学的参考依据。

9.1　案例区域概况

2003年2月，国家海洋局发布了《关于选划申报海洋公园有关事项的通知》，厦门成为首批申报建设国家海洋公园的城市之一。2011年，厦门国家海洋公园成为全国首批（7个）批准建立的国家海洋公园之一。

根据自然资源部第三海洋研究所提供的有关数据资料，厦门国家海洋公园的基本情况介绍如下。

9.1.1　地理位置、范围和面积

厦门国家海洋公园位于福建省东南沿海著名旅游城市——厦门市的东部海域。厦门国家海洋公园的范围由两部分组成：第一部分南起厦门大学海滨浴场，沿环岛路向北延伸至

观音山沙滩北侧，包括厦门市东部部分海域；第二部分为五缘湾（含五缘湾湿地公园），具体范围如图 9-1 所示。

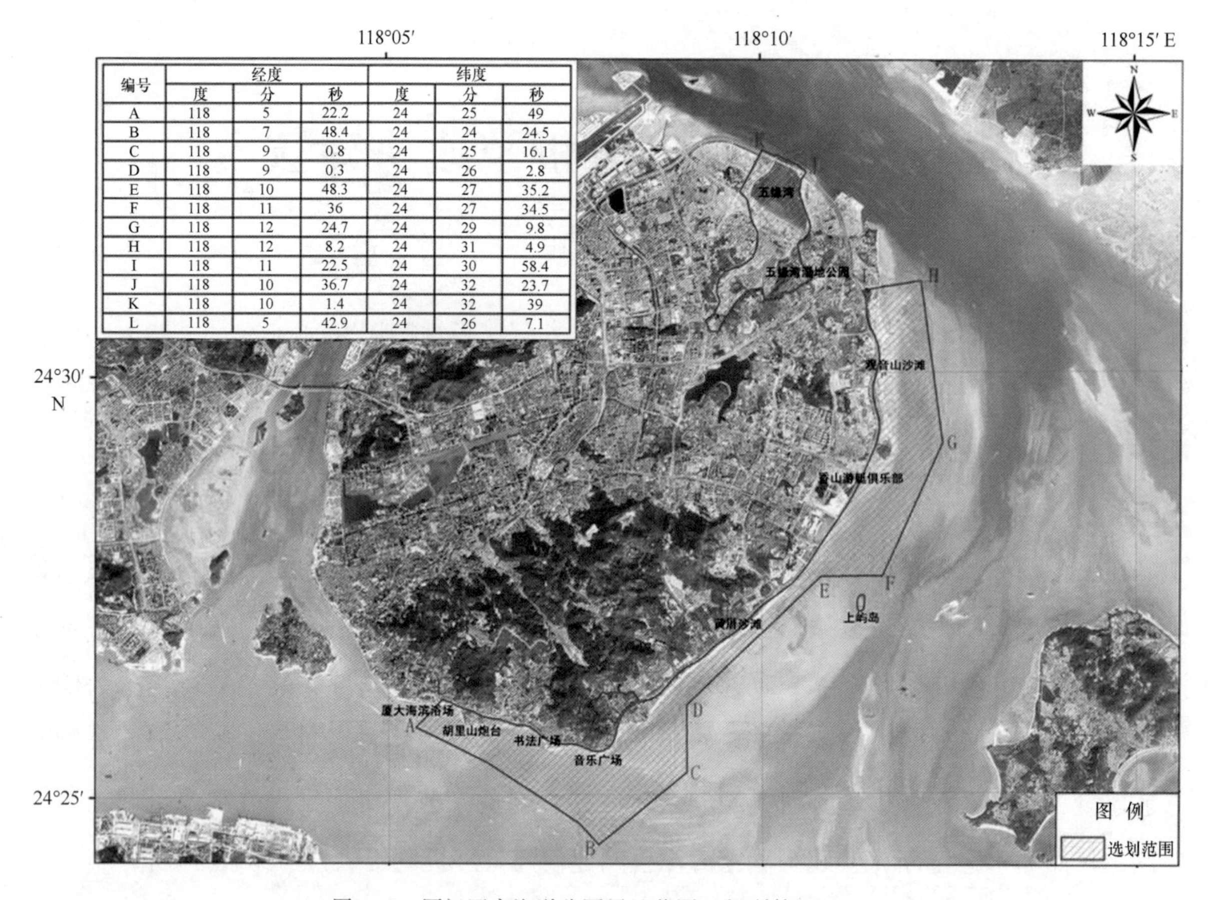

编号	经度			纬度		
	度	分	秒	度	分	秒
A	118	5	22.2	24	25	49
B	118	7	48.4	24	24	24.5
C	118	9	0.8	24	25	16.1
D	118	9	0.3	24	26	2.8
E	118	10	48.3	24	27	35.2
F	118	11	36	24	27	34.5
G	118	12	24.7	24	29	9.8
H	118	12	8.2	24	31	4.9
I	118	11	22.5	24	30	58.4
J	118	10	36.7	24	32	23.7
K	118	10	1.4	24	32	39
L	118	5	42.9	24	26	7.1

图 9-1　厦门国家海洋公园界址范围（颜利等，2015）

厦门国家海洋公园的总面积为 24.87 km^2，其中陆地面积为 4.05 km^2，占总面积的 16.28%，海域面积为 20.76 km^2，占总面积的 83.47%，岛屿面积为 0.06 km^2，占总面积的 0.25%。厦门国家海洋公园区域范围内主要包括：厦大浴场、胡里山炮台、书法广场、音乐广场、黄厝沙滩、香山游艇俱乐部、观音山沙滩、五缘湾、五缘湾湿地公园和上屿等（颜利等，2015）。

9.1.2　功能区划

结合厦门国家海洋公园区域范围内的资源利用、生态保护与生态旅游的实际情况，将公园分为重点保护区、生态资源与恢复区、适度利用区及科学实验区四个功能区。

其中，重点保护区划分为两个亚区，分别是：保护区域自然沙滩和岸线，核心体现国家海洋公园生态旅游价值和生态环境保护的重点保护Ⅰ区；根据国防优先原则，划分的军事用地的重点保护Ⅱ区。此外，根据生态旅游资源的分布情况，将适度利用区分为四个亚区，分别为：东南海岸度假旅游区（适度利用Ⅰ区），五缘湾度假旅游区（适度利用Ⅱ区）、香山国际游艇码头（适度利用Ⅲ区）、上屿观光区（适度利用Ⅳ区）。其目的在于：在确保区域生态环境安全的前提下，鼓励和实施与保护区目标一致的生态型资源利用活动，结合各亚区资源分布的特点，有区别地发展各自优势的生态旅游产业。厦门国家海洋公园各功能分区如图 9-2 所示（颜利等，2015）。

图 9-2　厦门国家海洋公园功能分区（颜利等，2015）

9.2　案例区域的建设与管理现状和问题

9.2.1　现状

9.2.1.1　基础设施建设方面

厦门国家海洋公园范围内的道路、餐饮与住宿基础设施已十分完善，完全满足发展生态旅游的需要；邮电、供水供电、商业服务、科研与技术服务、园林绿化、环境保护、文化教育、卫生事业等方面的基础设施配套较为完善，分布合理。

9.2.1.2 管理机构方面

目前已成立厦门国家海洋公园管理处，并由厦门市海洋与渔业局代为管理，对公园开展了实质性的管理工作，协调组织开展执法监管，查处公园内的违法、违规行为，当前已取得显著成效。

9.2.1.3 相关法律法规制定方面

目前已制定《厦门国家海洋公园海域管理执法暂行办法（内部试行）》，对公园海域管理执法要求、违法行为查处做出规定，规范执法监督行为；已制定《厦门近岸海域污染整治方案》（厦府办〔2015〕67号），并由厦门市政府办公厅正式印发实施。根据该方案，厦门市环保、市政、水利、建设相关部门分别制定细化措施，分解任务，落实工作，努力改善国家海洋公园海水质量。

9.2.1.4 监督执法和社区共管方面

已建立厦门国家海洋公园常态化联合执法机制。由厦门国家海洋公园所在区域内的各个街道牵头，市海洋综合行政执法支队、思明区城管执法局、思明区公安分局、思明区工商局、思明区边防大队等相关执法部门参与，每月组织开展环岛路违法违规占地占海经营行为综合整治行动。对非法占海经营水上自行车、摩托艇等固定排他性经营活动，非法占用沙滩经营沙滩摩托车、射击、骑马等其他固定排他性经营活动进行执法监管，提高对国家海洋公园范围内自然资源的保护管理力度。

9.2.2 问题

笔者通过查阅相关数据资料，从建设与管理体制及相关理论研究方面对当前厦门国家海洋公园建设与管理方面存在的问题进行了归纳，主要内容如下。

9.2.2.1 建设与管理体制方面

（1）在建设方面，由于厦门国家海洋公园资金保障制度仍有待完善，因此，公园区域内的一些基础设施，如基础管护、巡护执法、科研监测、宣传教育、办公及附属设施设备等，还需要进一步加强和完善，以满足日常监管工作的需要。

（2）厦门国家海洋公园相关法律、法规体系仍不完善，没有一个统一、具体的管理办法（或条例）来约束和规范厦门国家海洋公园开发利用活动，明确管理机构和管理者的管理权限和管理职责，从而确保公园内生态环境保护和滨海旅游开发协调发展。

（3）厦门国家海洋公园的管理缺乏统一的协调机制，存在多部门交叉管理，部分区域无人管理的现象；此外，虽然厦门国家海洋公园目前已成立了公园管理处，但由于该机构仍由海洋渔业主管部门代管，管理权限仍不集中；同时，由于厦门国家海洋公园建设与管理的具体事务涉及旅游、海洋、环保、交通、文化、建设、市政等各方面，上述各部门履行的权利和职责不同，因此，在国家海洋公园资源保护和开发利用协调方面，有时会出现目标不统一、意见不一致等现象。

（4）当前，厦门国家海洋公园的利益相关者参与机制仍然不够完善，利益相关者参与主要体现在公园建成后期的社区共管方面，并没有体现在公园建设初期的目标设定、选址及总体规划的过程中，这将可能导致公园的整个建设与管理的决策结果不够科学和完善。

（5）此外，厦门国家海洋公园内的生态环境监督考核仍需要进一步加强，公园科学监测体系、管理绩效评估制度、执法监督机制、资金保障制度等方面仍需要进一步建立与完善。

9.2.2.2　相关理论研究方面

（1）虽然厦门国家海洋公园在成立时已开展了选划论证及总体规划的有关工作，但是在相关的选划和规划的过程中并未应用战略环境评估（Strategic Environmental Assessment，SEA）的相关理论方法，对选划和规划决策可能给生态环境、自然资源、社会经济等造成的环境影响和风险进行估测，从而从源头避免或减缓选划或规划等决策失误所带来的影响，使厦门国家海洋公园的选划和规划更加科学合理。因此，厦门国家海洋公园在今后建设与规划的过程中应考虑战略环境评估工作的介入。

（2）由于我国国家海洋公园区划处于起步阶段，相关功能分区的理论研究较少，目前还没有一个统一的标准。厦门国家海洋公园的功能区划和全国其他的国家海洋公园功能区划一样，仍旧是沿用《海洋特别保护区功能分区和总体规划编制技术导则》（HY/T 118—2010）中的有关分区标准，并结合公园所在区域的自然资源利用及生态环境特征来开展定性的分区。

然而，国家海洋公园有别于一般海洋特别保护区，因此，当前的相关技术规范对于国家海洋公园的功能分区而言仍缺乏针对性，并且缺乏具体的、定量的指标体系来提供更有力的科学支撑。

（3）国家海洋公园管理绩效评价，对于及时调整公园的管理框架，提高公园的管理能力，以达到预期的管理目标是十分必要的（张洁琼，2017）。然而对于厦门国家海洋公园（乃至全国各地的国家海洋公园），有关管理绩效评价及其相关研究目前仍处于探索阶段，尚未形成制度化的评价机制与方法，国家海洋公园管理绩效评价体系及相关研究有待于进一步发展和完善。

（4）保护与开发并重是国家海洋公园有别于自然保护区等其他自然保护地类型的关键所在，如何确定保护与开发的量化程度是公园建设亟须研究解决的重大问题。当前，厦门国家海洋公园在选址和规划的过程中，开发与保护协调机制的相关论述大部分仍然停留在对生态旅游资源容量的计算（一般采用面积法）上，相关的理论方法相对比较单一，仍缺乏在综合考虑社会、经济、生态和资源综合效益的基础上构建的科学的评估模型。

（5）当前，厦门市已制定实施了《厦门市海洋生态补偿管理办法》（厦府办〔2018〕53号），但针对厦门国家海洋公园的生态补偿机制仍不完善，与生态补偿标准相关的研究工作开展较少，国家海洋公园生态补偿办法仍有待制定。

9.3 改进建议

本节根据《关于建立以国家公园为主体的自然保护地体系的指导意见》等国家政策文件精神，在借鉴国际成功经验的基础上，应用上述已构建的我国国家海洋公园建设与管理机制（第4章至第8章），针对上述（本书第9.2节）厦门国家海洋公园在管理体制及相关理论研究主要存在的问题提出进一步改进的建议。

9.3.1 建设与管理体制方面

9.3.1.1 继续完善相关立法和政策保障工作

目前，虽然《中华人民共和国海洋环境保护法》《海洋特别保护区管理办法》《海洋特别保护区规范化建设与管理指南》等法律、法规和技术规范，为厦门国家海洋公园的建设与管理提供了法律依据和指导依据，但这些法律法规和技术规范仅仅只是从宏观层面提出了原则性的规定，缺乏一定的针对性。此外，厦门市与厦门国家海洋公园有关法规，如《厦门国家海洋公园海域管理执法暂行办法（内部试行）》和《厦门近岸海域污染整治方案》，仅仅只是针对国家海洋公园海域范围内的开发利用与生态环境保护提出相关的要求，对于公园陆域部分并未提出具体的管理要求，这对于未来进一步提升厦门国家海洋公园的日常具体管理和执法工作水平，实现陆海统筹而言，是远远不够的。

因此，笔者建议，厦门国家海洋公园应依据现有法律法规和国家有关的政策文件，参照《指导意见》中所提及的“一区一法”的精神，在广泛调查、征求意见与综合研究的基础上，尽快出台《厦门国家海洋公园管理办法》。其主要内容应包括：明确公园规划建设程序、管理目标、公园建设与管理的各项规章制度，管理机构设置和职责、公园各分区功能和管控要求、安全管理措施、游客行为约束及权利和义务、违反法律法规的惩罚措施等方面的内容，明确公园各利益相关者的责任，使公园的运营和管理工作有法可依，有章可循，也避免厦门市各有关主管部门根据自身职能和利益来建设与管理国家海洋公园造成混乱局面，为厦门国家海洋公园开发与保护协调提供法律和政策保障，促进国家海洋公园的可持续发展。

9.3.1.2 进一步明确管理模式和管理机构

从本书第9.2.2节的相关论述可知，当前厦门国家海洋公园虽然成立了国家海洋公园管理处，但仍由海洋与渔业部门代管，管理权限仍不集中，这将不利于厦门国家海洋公园开发与保护协调、利益相关者关系矛盾解决等工作的开展，也从一定程度上影响了厦门国家海洋公园日常管理和执法效力。针对上述问题，笔者建议，厦门国家海洋公园应结合当前我国具体国情及机构改革的背景，可采用本书第8.2节所提到的国家层面统管全局、厦门市政府及相关行政管理部门协同管理的模式，其具体建议内容如下。

（1）厦门国家海洋公园管理处建议不再由厦门市海洋渔业主管部门代管，应成为隶属于福建省自然资源行政主管部门的一个独立机构，并在业务上接受自然资源部国家林业和草原局的监督管理；公园管理处全权负责厦门国家海洋公园一切建设与管理有关工作，主要包括贯彻执行国家法律法规和地方相关政策，并在国家相关法律法规的指导下，开展厦门国家海洋公园的政策、规章制度、规划计划的制订，组织进行相关的科学研究，开展对生态环境与自然资源保护、科研监测、科普教育、可持续发展、行政等事务管理工作；公园管理处各部门的设置可根据厦门国家海洋公园建设与管理的实际需要确定。同时，厦门市政府及相关行政管理部门应配合厦门国家海洋公园管理处共同处理公园日常管理与监督执法工作。

（2）为进一步协调解决厦门国家海洋公园在日常建设与管理中所涉及各管理部门、社区居民等利益相关者之间的利益冲突和矛盾，需成立一个厦门国家海洋公园协调与社区共管小组。共管小组组长可以由厦门国家海洋公园管理处正职领导兼任，地方政府及相关行政管理部门代表、当地居民代表、企业代表、科研机构（专家学者）代表、相关社会团体代表等担任共管小组成员。

同时，厦门国家海洋公园协调与社区共管小组还应积极鼓励当地相关行政管理部门代表、专家学者、当地社区居民等在国家海洋公园申报成立前协助参与公园选划论证、规划、申报等工作；在公园批准成立后，共管小组可作为厦门海洋公园管理处内的常设科室，协助公园管理处参与未来厦门国家海洋公园建设、政策制定和管理计划制订和实施、日常监督等工作，为公园建设与管理决策提供不同利益相关方的参考意见，提高公众参与管理公园的意识和积极性，促进公园建设与管理工作更加顺利地开展。

（3）为进一步提高厦门国家海洋公园的科学管理水平，建议厦门国家海洋公园管理处利用厦门市的科技优势，从各大高校、科研机构（如厦门大学、自然资源部第三海洋研究所等）聘请厦门国家海洋公园建设与管理相关领域的专家和学者，组成厦门国家海洋公园建设专家咨询委员会，为厦门国家海洋公园管理处提供技术服务，负责厦门国家海洋公园建设总体规划、功能区划、开发利用、自然资源和生态环境保护等技术咨询和相关论证工作。

同时，上述三点管理机构设置的建议需在未来制定的《厦门国家海洋公园管理办法》中予以体现。

9.3.1.3 完善资金保障制度

当前，厦门国家海洋公园建设和管理的经费主要来源于国家政府财政支持，经费来源主要有中央分成海域使用金支出项目（环保类）资金，以及海洋生态修复及能力建设相关的专项资金。然而这部分资金，对于厦门国家海洋公园所涉及的基础设施建设、生态环境保护、科研监测、宣传教育、社区建设及生态补偿等建设与管理工作而言，是远远不够的。

因此，笔者建议，厦门国家海洋公园管理处应根据《指导意见》等国家政策文件的精神，建立以财政投入为主的多元化资金保障制度，统筹包括中央基建投资在内的各级财政资金，保障公园日常的保护、运行和管理，不断完善公园经费保障模式，鼓励金融和社会资本出资设立厦门国家海洋公园基金，鼓励自主创收和吸纳社会资金，对厦门国家海洋公园建设管理项目提供融资支持，并协助公园管理处做好日常的资金管理工作。

同时，厦门市有关企业、科研机构、非政府组织或个人等可以通过厦门国家海洋公园基金会，为厦门国家海洋公园的管理活动提供资金、技术和人力的支持。合作的方式多种多样，例如，企业或社会个人可以向厦门国家海洋公园基金会提供慈善捐助，也可以通过向公园基金会投入资金，从而来换取企业或个人在国家海洋公园内产品销售、广告宣传及从事其他特许生产经营活动的机会。

9.3.1.4　利益相关者参与和反馈机制应贯穿公园建设与管理全过程

从厦门国家海洋公园选址、规划等有关资料，以及厦门国家海洋公园建设与管理现状可知，当前利益相关者参与和反馈机制主要体现在公园成立后的社区共管方面，有关研究仅仅只是对社区共管的原则和内容做了简要的描述，而在公园的建设与管理全过程中，比如公园建设初期的目标设定、选址及规划中，利益相关者参与及反馈仍旧显得比较缺乏。这将可能导致公园建设与管理过程中，厦门国家海洋公园管理处无法从利益相关者处获取足够的信息和反馈建议，从而可能导致厦门国家海洋公园未来新一轮的规划、管理计划等决策结果缺乏科学性和合理性。

因此，笔者建议，厦门国家海洋公园未来在编制法律法规、规划及管理计划的过程中，应充分开展公众参与，积极听取各利益相关方的意见和建议，让利益相关者参与和反馈机制贯穿厦门国家海洋公园建设与管理决策全过程，从而在厦门国家海洋公园建设与管理决策源头更为全面、客观地识别未来公园建设可能造成的影响和风险，及时调整发展和保护的目标，减缓或避免厦门国家海洋公园管理处的决策失误，促进厦门国家海洋公园管理处决策水平的提高和公园的可持续发展。

9.3.1.5　进一步加强公园生态环境监督考核

虽然目前厦门国家海洋公园已建立常态化联合执法机制，每月组织开展综合整治执法行动，并取得了一定的效果，但有关违法和生态环境破坏活动仍时有发生。因此，为了满足未来厦门国家海洋公园不断发展的需要，不断改善厦门国家海洋公园生态环境，提高厦门国家海洋公园管理处的监督执法效力，笔者建议应强化厦门国家海洋公园的监测、评估、考核、执法、监督等工作，加强厦门国家海洋公园生态环境监督考核，形成一整套体系完善、监管有力的厦门国家海洋公园监督管理制度，具体建议如下。

1）建立监测体系

建立厦门国家海洋公园生态环境监测制度，并制定相关技术标准和“天地一体化”的监测网络体系，应用当前先进的科学技术，开展厦门国家海洋公园生态环境监测；同时，加强厦门国家海洋公园生态环境监管平台和数据系统建设，加强对公园监测数据集成分析和综合应用，全面掌握公园范围内自然资源和生态环境变化，及时评估和预警生态环境风险，并定期发布厦门国家海洋公园生态环境状况监测评估报告，对公园内基础设施建设、资源开发等人类活动实施全面监控。

2）加强管理绩效评估考核

积极开展厦门国家海洋公园管理绩效评估体系的研究，组织对公园管理进行科学评估，及时掌握管理和保护成效情况，并按时发布评估结果。建议采用第三方评估制度，由厦门国家海洋公园专家咨询委员会组织有关专家或委托有经验的第三方评估机构，对厦门国家海洋公园管理处的管理工作进行评价考核，并根据实际情况，将评价考核结果纳入厦门市及福建省生态文明建设目标评价考核体系，作为厦门国家海洋公园管理处领导班子和领导干部综合评价及责任追究、离任审计的重要参考。

3）严格执法监督

在未来《厦门国家海洋公园管理办法》制定的基础上，由厦门国家海洋公园管理处负责制定公园生态环境监督办法，建立包括公园管理处及相关管理部门在内的统一执法机制，在自然保护地范围内实行生态环境保护综合执法，制定自然保护地生态环境保护综合执法指导意见。

同时，强化监督检查，定期开展厦门国家海洋公园监督检查专项行动，及时发现涉及国家海洋公园的违法违规问题；未来对违反《厦门国家海洋公园管理办法》，并造成公园所在区域生态系统和资源环境受到损害的部门、地方、单位和有关责任人员，按照有关法律法规严肃追究责任，涉嫌犯罪的移送司法机关处理；此外，建立督查机制，对公园保护不力的责任人和责任单位进行问责，强化厦门国家海洋公园管理处、当地政府及有关行政管理部门的主体责任。

9.3.2　相关理论研究方面

9.3.2.1　加强战略环境评价的理论研究和结果应用

战略环境评价（Strategic Environmental Assessment，SEA）的实践结果表明，评价介入决策的时间越早，评价的效果越好（Therivel et al.，1992；Fischer，2003；Fischer and Onyango，2012；Wu et al.，2014）。借鉴国外国家（海洋）公园的成功经验（如加拿大等）可知，提早将战略环境评价介入到国家海洋公园的选址、规划等决策的过程中，将能及时地预测公园建设与管理过程（如初期建园目标、公园选址的适宜性评价、公园范围确定、功能区划、公园建设规划、具体管理措施制定等）可能对公园周边区域自然资源及生态环境造成的影响，有利于公园的管理者尽可能及时地调整公园建设与管理的策略或选择影响最小（效果最优）的决策备选方案，避免或减缓公园选址、规划等决策失误带来的环境影响及风险。因此，在国家海洋公园建设与管理过程中，加强战略环境评价的理论研究和相关结果的应用，对于推动国家海洋公园建设与管理的可持续发展有着重要的作用。

根据收集的相关数据资料，厦门国家海洋公园在先期建设与管理的过程中，只是对公园建设条件开展简单、定性的评价，并未对选址、规划等决策过程（各备选方案）未来可能对公园区域资源、社会、经济及生态环境造成的影响进行深入分析和比较，这一现象在国内其他国家海洋公园建设与管理的过程中也普遍存在。

当前，在战略环境评价中应用比较广的综合理论方法主要是多准则决策分析法（Multi-Criteria Decision Making，MCDM），其中主要包含了多属性效用理论（Multi-Attribute Utility Theory，MAUT）（DOE，2002；Prato，2003）、层次分析法（Analytic Hierarchy Process，AHP）（Ramanathan，2001；Linkov and Kiker，2009）和分级法（Outranking）（ODPM，2005）三种理论方法（Wu，2012；Wu et al.，2014；Wu and Zhang，2016）。经研究表明，由于MCDM评价过程的复杂性，以及指标选取和权重分配的人为性，只有在各种评价的模型、准则（或属性）及其各自的权重都能够较为客观地选取和确定的情况下，多准则决策分析法才能较好地适用于国家海洋公园有关决策优选方案确定的过程中（Wu et al.,2014；Wu and Zhang，2016）；但由于国家海洋公园所包含的区域范围一般较大，涉及社会、经济、人文、资源、环境、交通、旅游等各方面因素，因此，笔者认为国家海洋公园决策环境影响评价具有较强的综合性和不确定性，上述的MCDM法在其实际应用过程中，要做到完全符合上述的应用条件显得较为困难。

相对于 MCDM 法而言，多维决策分析法（Multi-Dimension Decision Making，MDDM）除了进行环境风险的回顾性和现状评价外，还对历史数据作图进行了趋势分析，并直接应用［I-影响，C-置信度，R-关系］模型和专家评判法进行了预测分析（Wu et al.，2014；Wu and Zhang，2016）。总体来说，MDDM 法对基础数据资料的处理相对更为全面和客观，评价过程相对模糊，减少了 MCDM 法分析由于计算过程相对复杂而产生的误差，更适用于应用在国家海洋公园开展决策环评研究方面（Wu and Zhang，2016）。

因此，在借鉴国内外战略环境评价常用的理论方法基础上，笔者结合先期开展的一些研究成果，建议在未来厦门国家海洋公园建设与管理决策过程中，应结合厦门国家海洋公园自身的特点，选择上述 MDDM 法及相关模型开展更加深入的公园战略环境评价理论研究，从厦门国家海洋公园所在区域（厦门市东部海域）的区位、社会、资源、经济、生态、环境、风险七个维度来分析厦门国家海洋公园未来在有关决策过程中可能产生的影响，并结合有关的空间结构分析方法，如 GIS 空间叠置法等（王恒，2011；王恒，2015），为厦门国家海洋公园未来有关决策（如公园选址的适宜性评价、公园范围调整、功能区划调整等）最优方案的选择提供科学的参考依据，并以此为示范推广到国内其他国家海洋公园的决策环评理论研究中去。

9.3.2.2 构建功能分区的指标体系

研究表明，根据保护水平的差异，一个国家海洋公园可以划分为多个保护单元，通过提供不同空间定位的管理区，在协调公园各区域不同功能冲突的同时，可以实现对公园生态环境和自然资源的保护（Crosby et al.，2000；王恒，2015）。因此，国家海洋公园功能区划是实现国家海洋公园科学管理的一项基础性工作，通过海洋功能区的划分和主导功能的确立，对公园管理机构制定总体规划，实现资源合理利用与布局、保护区域生态环境，以及制定具体的分区管控措施有着重要意义。

笔者通过收集和查阅相关数据资料发现，当前包括厦门国家海洋公园在内的我国绝大多数国家海洋公园，仍然是参照《海洋特别保护区功能分区和总体规划编制技术导则》的指导思想和分区原则进行定性的功能分区，并缺乏具体的定量指标体系作为指导。同时，鉴于国家海洋公园有别于一般的海洋特别保护区，加之各地国家海洋公园在各自的地理特征、资源分布及生态环境等方面都存在着差异，因此，国家海洋特别保护区原先的分区原则和标准对于国家海洋公园功能分区而言，在具体性和针对性上都有待于提高，国家海洋公园功能分区指标体系亟须构建。

鉴于此，以厦门国家海洋公园为例，笔者在借鉴国际成功经验及相关研究的基础上，建议根据本书第 5.1.5 节中的国家海洋公园功能分区原则，在充分考虑厦门国家海洋公园所在区域的区位、自然资源、生态环境、社会经济条件和社会公众需求等自然与社会属性的基础上，开展厦门国家海洋公园功能分区指标体系研究，充分协调厦门国家海洋公园所在区域的经济效益、社会效益、生态及资源效益之间的关系，为未来厦门国家海洋公园新一轮的规划和管理提供更为科学的参考依据。

在功能区划指标体系构建方面，笔者通过查阅和归纳相关文献资料（Francis et al.，2003；Parks Canada，2006；王恒，2015；王梦君等，2017；向芸芸等，2018）的研究成果，建议从基础指标、适宜性指标、评价指标三个方面来构建厦门国家海洋公园功能分区指标体系。其中基础指标主要包括：厦门国家海洋公园所在区域的地理位置和区位特征、社会经济、自然资源（主要包括旅游资源、景观资源、生物资源等）、生态环境、基础设施、社区管理等方面；适宜性指标主要包括：厦门国家海洋公园所在区域的生态适宜性、生态敏感性、资源可利用程度等方面；评价指标主要包括：厦门国家海洋公园各功能区的面积比例、公园所在区域的土地与海域权属比例及社区数量比例等方面。

在理论方法方面，建议将基于 GIS 的空间分析模型与基于生态适宜性的功能区划模型（向芸芸等，2018）相结合，根据厦门国家海洋公园有关数据的实际获取情况，采用多指标综合评价、层次分析、多维决策分析法等相结合的方法，在建立厦门国家海洋公园生态适宜性、生态敏感性和资源可利用程度指标的基础上，通过上述各基础指标的空间化图层表达，加权叠置得到厦门国家海洋公园内部栅格单元生态适宜程度的现状值，评价各个单元对开发或保护的适宜性和限制性，并在此基础上开展厦门国家海洋公园功能区划（或调整），明确各功能区的面积和范围。

9.3.2.3　开展管理绩效评价体系研究

作为对国家海洋公园相关管理制度实施的实际效果及有效性进行评估的一种手段，国家海洋公园管理绩效评价是公园有关管理制度实施过程中必不可少的重要环节，对于提高国家海洋公园立法水平和促进管理政策的调整与完善有着重要的意义。

在我国，由于国家海洋公园建设起步较晚，目前对公园管理绩效评价方面的研究很少，这就导致国家海洋公园管理机构对公园管理措施上存在的问题无法深入剖析，使得管理机构在进一步改善公园的现状和改进管理措施等方面面临着很大的挑战。虽然国外学者总结了不少保护区绩效评价方法（如当前国际公认的保护区管理绩效评估框架——WCPA 框架），但鉴于国家海洋公园的特殊性及各国在管理体制上的实际情况不同，国际上保护区管理绩效评价方法很难直接套用（张洁琼，2017），因此，开展我国国家海洋公园绩效评价体系的相关研究势在必行。

鉴于此，以厦门国家海洋公园为例，笔者认为，管理绩效评价体系构建研究主要应包括以下内容：首先，应该明确厦门国家海洋公园的管理总体目标（即建设成为滨海景观优美、自然生态特色明显的国家海洋生态保护示范区，以及国内外高品位、高知名度的生态旅游休闲目的地）和具体目标（包括生态环境目标、社会经济目标和综合管理目标），从而作为绩效评价指标选取的参考；其次，借鉴国内外现有的海洋保护区指标体系（Hockings et al.，2000；Staub et al.，2004；Pomeroyrs et al.，2004；国家海洋局，2004；洪晓巧和方秦华，2016；张洁琼，2017；傅广宛和孙心语，2019），以及厦门国家海洋公园的自然特征、生态环境保护、资源利用、政策保障、基础设施建设、资金投入、社会经济发展及社区管理等具体情况（颜利等，2015），通过现场调研、利益相关者参与和专家咨询（可通过厦门国家海洋公园协调与社区共管小组和厦门国家海洋公园专家咨询委员会组织开展），明确指标体系的框架和具体内容；再次，运用专家评判法、层次分析法等传统方法确定各绩效评价指标的权重和评价标准；最后，运用构建的指标体系和相关数据资料，对厦门国家海洋公园管理绩效做出定量的评价，对评价结果进行分析，并结合当前厦门国家海洋公园在建设与管理上存在的问题，调整具体目标和提出改进的管理措施。

笔者通过对相关文献和数据资料的归纳总结，建议可以将厦门国家海洋公园管理绩效评价指标体系分为基础建设、资金投入与政策保障、综合管理和效果影响四个准则层指标。其中，基础建设主要包括基础设施、管理队伍、管理机构、公园范围、功能分区、管理措施等目标层指标；资金投入与政策保障主要包括能力资源保障、科技保障、法制保障、经费保障及执法能力等目标层指标；综合管理主要包括：自然资源保护、生态环境保护、科研宣教活动、社区协调、监督管理等目标层指标；效果影响主要包括自然资源保护效果、社区共管效果、生态环境保护效果、生态旅游（或生态养殖）发展效果等目标层指标。

此外，厦门国家海洋公园管理处还应该在上述公园绩效管理评价体系构建的基础上，制定并出台《国家海洋公园绩效评价管理办法（或条例）》，使未来厦门国家海洋公园绩效管理评价工作有法可依、有章可循。

9.3.2.4 开展开发与保护协调发展定量模型研究

从当前国际上国家海洋公园的发展来看，除了对自然资源和生态环境实施保护之外，大部分的国家海洋公园建设与管理还需要结合生态旅游与观赏教育等功能开展，这是国家海洋公园建设与发展理念之一（王恒，2015）。因此，保护的同时兼顾开发是国家海洋公园区别于其他自然保护地类型的关键所在。如何构建完善的开发与保护协调机制，如何量化保护与开发之间的关系程度，是国家海洋公园建设与管理亟须研究解决的问题。

笔者通过收集和查阅厦门国家海洋公园及我国其他国家海洋公园选划、规划等相关数据资料发现，当前我国国家海洋公园对于开发与协调机制的相关研究只是对生态旅游容量开展简单的分析，相关的理论方法相对比较单一，仍缺乏在考虑社会、经济、生态和资源综合效益的基础上构建科学的评估模型。因此，加强开展关于开发与保护协调发展定量模型的研究对于不断完善我国国家海洋公园建设与管理机制，实现国家海洋公园综合效益最优化和可持续发展有着重要的意义。

笔者在归纳总结相关文献资料（Hardi et al.，1997；王辉和林建国，2005；刘某承和李文华，2009；刘某承等，2010；王恒，2011；王恒，2015；王文君，2017）的基础上，以厦门国家海洋公园为例，建议厦门国家海洋公园在未来新一轮的总体规划和后期管理中，要在充分考虑社会、经济、生态和资源效益的基础上，深入开展厦门国家海洋公园开发与保护协调发展定量模型的研究，充分考虑厦门国家海洋公园的资源环境容量，以生态足迹、生态承载力等相关理论方法为基础，构建厦门国家海洋公园保护与开发协调发展定量模型，从而判断厦门国家海洋公园区域保护与开发之间的协调程度，根据协调程度计算公园的旅游容量（阈值），并在此基础上提出进一步的建设与管理措施和对策。

9.3.2.5　加强和完善公园生态保护补偿机制研究

我国国家海洋公园的建设与管理面临着经费投入严重不足和资金使用率不高的难题，并且这些难题已经成为制约保护区发展的关键问题。国家海洋公园的生态补偿作为公园发挥其职能的基本经费保障重要手段之一，对于推进保护区开发与利用协调发展，维护社会公平，拓宽公园建设与管理资金渠道，提高利益相关者参与公园建设与管理的积极性都具有十分重要的意义。

虽然国务院办公厅、国家海洋局及一些地方政府已制定并颁布了一些法律法规，如《关于健全生态保护补偿机制的意见》（国办发〔2016〕31 号）、《海洋生态损害评估技术导则》（国家海洋局第三海洋研究所，2017），《厦门市海洋生态补偿管理办法》等，但上述办法和技术规范只是针对海洋保护区生态（保护）补偿提出了一些原则性要求，或是对海洋生态损害进行补偿标准评估，而对于包括厦门国家海洋公园在内的我国各国家海洋公园生态保护补偿而言，缺乏具体性和针对性。因此，加强开展我国国家海洋公园生态保护补偿机制（包括厦门国家海洋公园在内）研究显得十分必要。此外，生态保护补偿机制的核心是生态补偿标准的确定，因此，加强厦门国家海洋公园生态保护补偿标准评估方法的研究，是不断完善厦门国家海洋公园生态补偿机制研究的重点工作，通过其生态保护补偿标准的制定，以期作为示范，将相关理论方法作为国内其他国家海洋公园生态保护补偿标准评估的参考依据。

笔者在归纳总结相关文献资料（Vossler，2004；MEA，2005；Kareiva et al.，2011；Semmens et al.，2018；李竞，2013；柳荻等，2018；陈克亮等，2018）的基础上，以厦门国家海洋公园为例，建议厦门国家海洋公园在生态补偿标准确定过程中，应在综合考虑生态系统服务价值评估法、成本法和意愿价值评估法等海洋保护区生态补偿标准评估较为常用方法的基础上，遵循陆海统筹原则，并结合厦门国家海洋公园所在区域的社会经济实际情况，以生态系统服务价值作为公园生态补偿标准的上限，以公园建设与保护成本作为公园生态补偿标准的下限，构建基于厦门国家海洋公园发展机会成本的生态保护补偿标准评估模型，应用实证调查法、间接计算法、产业计算法和主体计算法等方法（陈克亮等，2018），从厦门国家海洋公园的建设成本、维持和运营成本、企业机会成本、社区居民个人机会成本、政府机会成本等方面来开展厦门国家海洋公园生态补偿标准的评估研究。

此外，还应该在厦门国家海洋公园生态保护补偿标准评估研究的基础上，结合先期制定的《厦门市海洋生态补偿管理办法》等文件，制定出台《厦门国家海洋公园生态补偿管理办法》。该办法中应明确公园生态补偿的主、客体，生态补偿的方式和途径，生态补偿标准，以及生态补偿资金管理机制等方面的内容。此外，还应该将厦门国家海洋公园生态补偿有关内容在未来出台的《厦门国家海洋公园管理办法》中予以明确，使厦门国家海洋公园生态补偿工作有法可依，有据可循。

9.4 小结

（1）厦门国家海洋公园当前在建设与管理体制方面存在的问题主要有：①公园资金保障制度仍有待完善，基础设施建设还需要进一步加强和完善；②公园相关法律、法规体系仍不完善，没有一个统一的、具体的管理办法；③公园的管理缺乏统一的协调机制，存在多部门交叉管理，公园管理处管理权限仍不集中，各部门利益难以较好协调；④公园的利益相关者参与机制仍然不够完善，没有体现在公园建设初期的目标设定、选址及总体规划的过程中；⑤公园内的生态环境监督考核等机制仍需要进一步加强。

（2）厦门国家海洋公园当前在建设与管理理论方法研究方面存在的问题主要有：①未考虑战略环境评价介入到公园建设与管理全过程；②缺乏相关定量的功能分区指标体系；③国家海洋公园管理绩效评价体系仍不完善；④缺乏公园开发与保护协调定量模型研究；⑤公园生态补偿机制仍不完善，生态补偿标准研究有待深入。

（3）针对厦门国家海洋公园存在的问题，笔者参照本书第 4 章构建的我国国家公园建设与管理机制框架的有关内容，结合当前国家最新的政策精神，提出了继续完善相关立法和政策保障工作，进一步明确管理模式和管理机构，完善资金保障制度，利益相关者参与和反馈机制应贯穿公园建设与管理全过程，进一步加强公园生态环境监督考核（包括监理监测体系、加强管理绩效评估考核、严格执法监督）等厦门国家海洋公园建设与管理机制改进的建议；同时，提出了加强战略环境评价的理论研究和结果应用，构建功能分区的指标体系，开展管理绩效评价体系研究，开展开发与保护协调发展定量模型研究，以及加强公园生态保护补偿机制研究等厦门国家海洋公园在理论研究上需要改进的建议。

（4）值得一提的是，厦门国家海洋公园是全国首批（7 个）批准建立的国家海洋公园之一，笔者在文中所总结的厦门国家海洋公园当前在建设与管理实践与理论研究方面存在的问题，在全国其他各地的国家海洋公园建设与管理过程中也普遍存在。笔者以厦门国家海洋公园作为案例区域，目的就是要将其作为一个代表性例子，针对其存在的问题提出改进的建议和措施，为我国其他国家海洋公园未来不断改进和完善建设与管理机制提供参考依据。

第 10 章　总结与展望

本章主要对上述所开展的国家海洋公园建设与管理机制相关研究进行总结，包括本书的研究成果、研究特色，以及对当前研究存在的问题进行讨论，并在此基础上展望未来国家海洋公园建设与管理机制的潜在研究方向。

10.1　主要研究成果

基于国家海洋公园建设与管理在维系海洋生态系统和保护海洋生态环境，进一步巩固我国海洋权益，构建海洋环境保护与经济建设和谐发展新模式，逐步完善我国自然保护地体系方面的重要性，本书对国内外国家（海洋）公园建设与管理的相关研究与实践进行了总结，指出了当前我国国家海洋公园在建设与管理中存在的问题，并在此基础上提出了国际经验对我国国家海洋公园建设与管理的启示。

同时，本书结合当前我国相关的政策规定和技术规范，在上述经验和启示的基础上，提出了我国国家海洋公园建设与管理的原则，设计和构建了我国国家海洋公园建设与管理机制的内容框架，对框架的各组成部分（包括选址机制、开发与保护协调机制、建设与规划机制、管理机制、利益相关者参与和反馈机制等）的具体内容都进行了详细阐述，并将其应用到厦门国家海洋公园案例分析中，对厦门国家海洋公园的当前建设与管理机制在实践和理论研究方面存在的问题提出进一步改进和完善的建议与措施，为我国其他国家海洋公园未来不断改进和完善建设与管理机制提供参考依据。

10.1.1　目前我国国家海洋公园建设与管理现状、问题与启示

对现有国内外国家（海洋）公园建设与管理进行了系统的总结和比较，对当前我国国家海洋公园建设与管理现状和存在的问题进行了归纳，并提出了国际经验对解决当前我国

国家海洋公园所面临问题的启示，为后续我国国家海洋公园建设与管理机制内容框架的构建提供了参考依据。

当前我国国家海洋公园建设与管理中存在的主要问题为：分布的空间结构不合理、经费及基础保障能力不足、保护与开发矛盾突出、立法工作滞后、管理制度不健全、管理力度不足、科研工作滞后，以及公众参与程度较低等。

针对当前我国国家海洋公园在建设与管理中存在的问题，国际成功经验给我们的启示主要有：不断推进国家海洋公园网络体系的建设、拓展公园建设与管理的资金渠道，统筹开发与保护之间的关系，不断完善公园的法律法规与管理制度（包括政策保障与组织结构），深化公园管理机制的研究，提高公园管理能力和科研监测的水平，不断增强公众海洋保护意识等。

10.1.2　构建我国国家海洋公园建设与管理机制内容框架

根据国家海洋公园建设与管理的原则，结合国际成功经验及当前我国国家海洋公园建设与管理中存在的问题及其给予我们的启示，在参考国家相关政策规定和技术规范的基础上，本书主要从国家海洋公园开发与协调机制，利益相关者参与和反馈机制，国家海洋公园的建设（选址和规划）机制，国家海洋公园的管理机制四个方面来设计与构建我国国家海洋公园建设与管理机制框架。其中：

（1）在国家海洋公园建设和管理的过程中，应充分应用开发与保护协调机制来实现公园生态环境、资源、经济和社会效益的综合统一，协调好公园开发与保护的关系。其对策措施主要包括：加强环境监测，提高科学选址和建设能力；调整区域产业结构，转变社会经济发展模式；完善法律法规，实施生态补偿制度；普及相关知识，提高公众的海洋环境保护意识。

（2）为实现国家海洋公园建设与管理过程更加科学合理，避免决策失误，主要的对策建议包括：利益相关者参与和反馈机制应该贯穿于国家海洋公园建设与管理的全过程；充分发挥政府部门的协调与监管作用，加强利益相关者之间的沟通；充分发挥非政府组织、科研机构作用，提高企业与社区居民的参与意识。

（3）国家海洋公园的选址是一个复杂、综合决策的过程，其相关的选址机制应该体现区域的特殊性和经济性，考虑社区居民和区域之外环境因素的影响，协调好生态、经济、社会、资源等综合效益；此外，还应构建功能分区指标体系，采用科学的理论方法开展评价，从而最终确定公园建设的位置、范围、形状和功能分区，为公园未来建设规划与管理的顺利开展提供良好的基础。

同时，国家海洋公园在规划过程中，应首先了解当前区域社会、经济和自然环境的现状与存在的问题，明确规划目标，在公园功能区划的基础上设计并构建公园的总体空间布局结构形态，明确各功能分区管控要求，并注重与公园所在区域海洋功能区划、海洋生态红线等规划的协调一致。

此外，笔者建议从科学选址与规划、明确责任制度、立足保护兼顾开发、严控各类开发建设活动与加强生态环境保护四个方面来不断完善国家海洋公园建设机制。

（5）国家海洋公园在未来管理过程中，应不断完善立法与政策保障、管理体制、分区管理制度、生态补偿制度、管理资金保障制度、科研和人力资源机制、社区共管制度、开展绩效评估、提高宣传力度，以及健全监督机制等方面，实现国家海洋公园的可持续发展。

10.1.3 案例分析

将已构建的我国国家海洋建设与管理机制内容框架应用到已建厦门国家海洋公园案例分析中，分别从建设与管理制度和理论研究两方面阐述厦门国家海洋公园在选址建设、规划及具体管理等研究与实践过程中存在的问题，并对厦门国家海洋公园建设与管理机制提出改善的建议，主要包括：继续完善相关立法和政策保障工作，进一步明确管理模式和管理机构，完善资金保障制度，利益相关者参与和反馈机制应贯穿公园建设与管理全过程，进一步加强公园生态环境监督考核（包括完善监理监测体系、加强管理绩效评估考核、加强执法监督），加强战略环境评价的理论研究和结果应用，构建功能分区的指标体系，开展管理绩效评价体系研究，开展开发与保护协调发展定量模型研究，以及加强公园生态保护补偿机制研究等方面。

10.2 研究特色

当前我国国家海洋公园有关研究多数集中在单一方面，而对于国家海洋公园建设与管理机制具体内容的构建还缺乏科学的探讨，对于国家海洋公园建设与管理机制开展系统、综合的研究，目前在我国尚属空白。本书的研究特色如下：

（1）本书从理论概念、现状问题、经验启示、机制构建四个方面，综合、系统地研究了国家海洋公园的建设与管理，在借鉴国内外成功经验的基础上，应用环境管理的有关理论方法，结合当前我国的具体国情、相关的政策与技术规范，构建了我国国家海洋公园建设与管理机制的内容框架，并以厦门国家海洋公园为例进行案例分析，为未来我国国家海洋公园的建设、管理与保护提供科学参考依据和建议。

（2）针对当前我国的具体国情及机构改革的背景，在借鉴国内外成功经验的基础上，本书明确在我国国家海洋公园管理组织机构构建中，适合采用国家层面统管全局，地方政府及相关行政管理部门负责配合与协调的管理模式，即实行中央地方共同管理的管理体制；同时，本书还对未来国家海洋公园管理机构及具体组成架构与职责提出设想和建议。

10.3　存在问题与讨论

10.3.1　问题

（1）当前大部分已建国家海洋公园的建设与管理等有关具体数据资料（如选址、规划、管理现状等）未正式公开发布，笔者只能利用国家海洋局、自然资源部第三海洋研究所等部门提供的有限数据资料间接进行总结和归纳分析。鉴于上述可直接利用数据资料不足的情况，本书案例分析仅对可以收集到的数据资料（即自然资源部第三海洋研究所提供的厦门国家海洋公园的有关数据）按照构建的框架进行案例分析，这样将可能会导致最终的研究结论在全国缺乏普遍适用性。

（2）国家海洋公园建设与管理机制的研究目前在我国是一个全新的课题，同时这又是一个综合性很强的课题，对其进行综合、系统地研究在国内尚属空白。虽然本书初步构建和设计了我国国家海洋公园建设与管理机制的内容框架，但由于该研究课题自身较为复杂，有关研究数据资料较难获得，加之笔者有限的知识储备，所以本书只是针对我国国家海洋公园建设与管理机制框架及有关内容进行了较为宏观、粗浅的研究，对于各相关理论方法的研究和应用仍然不够深入，只是在框架构建和案例分析中做了简要的描述（仅提出了理论方法和改进的措施）。

10.3.2　讨论

（1）根据本书第 1.2.2 节中关于我国国家海洋公园的分类可知，与按照空间差异进行分类的方法（海岛型和海岸型）相比，按照公园其所在区域的自然资源和环境属性进行分类的方法（海洋生态景观类、历史文化遗迹类及独特地质地貌景观类）更加客观、清晰，也更能具体体现出公园的保护目标和主要功能。尽管如此，根据相关调查资料显示，实际上我国各地分布的国家海洋公园所具有的自然资源和环境特征往往不能将其划分到上述某种单一的类型（如海洋生态景观类或历史文化遗迹类等），大部分的国家海洋公园的特征都兼备了以上两种或三种的类型，例如厦门国家海洋公园就属于海洋生态景观为主，兼备独特地质地貌和历史文化遗迹类的海洋公园。

（2）本书所构建的国家海洋公园建设与管理机制框架主要是从宏观的层面，综合研究和阐述了国家海洋公园选址、规划及管理的具体过程和内容，因此，该机制框架在一定程度上具有普适性，也相对比较灵活，各国家海洋公园依据实际情况的不同，应用得出的研究结果（问题和改进措施）也有所差异。换言之，该机制框架只是为国家海洋公园建设与管理机制研究提供了较为宏观和原则性的参考，各国家海洋公园根据其自身自然资源属性、生态环境特征等方面的不同，也会导致其建园目标、具体选址、范围确定、功能区划、规划及具体的管理制度上的不同。

（3）从本书第 5.1.5 节可知，国家海洋公园作为海洋特别保护区的一种类型，一般分为重点保护区、生态资源恢复区、适度利用区和预留区四大部分［参考《海洋特别保护区功能分区和总体规划编制技术导则》（HY/T 118—2010）］，并根据各分区自然资源和生态环境保护与利用实际情况，继续分出更为详细的亚区。

尽管如此，国家海洋公园是有别于其他海洋特别保护区的一种类型，鉴于我国各地国家海洋公园所在区域自然特征、资源利用与生态环境保护的目标不同，各地国家海洋公园的功能分区很难有一个统一的分区名称。这就要求未来在构建国家海洋公园功能区划评价体系时，应充分考虑国家海洋公园所在区域的区位、自然资源、生态环境、社会经济条件和社会公众需求等自然与社会属性，要在充分协调厦门国家海洋公园所在区域的经济效益、社会效益、生态及资源效益之间关系的基础上构建。

（4）鉴于当前我国大部分国家海洋公园有关数据资料未正式公布，以及目前所获得资料和数据的时效性和完整性，本书案例应用中提出的改进建议只是针对当前厦门国家海洋公园在建设与管理所存在的问题而言，在未来的实际工作中需要根据构建的框架和更新的数据资料，提出相应的改进措施；此外，由于当前大部分国家海洋公园具体数据资料较难获得，因此，案例应用的结果只是指出了当前我国国家海洋公园普遍存在的问题，不能全部代表我国其他国家海洋公园的具体实际情况，其改进建议只能作为一个参考依据。

10.4　展望

由于国家海洋公园的类型多样，系统巨大，涉及学科繁多，实际情况更是复杂，因此，未来我们应在建设与管理机制框架的基础上，针对不同类型、不同保护要求的国家海洋公园，在国家海洋公园选址与功能区划、开发与保护关系协调、公众参与、执法与冲突管理、生态环境监测管理、管理绩效评估、战略规划环评等方面进行更为深入而具体地研究。

结合本书的不足之处，笔者认为未来可以在以下方面更加深入地开展国家海洋公园建设与管理机制的研究。

（1）不断完善国家海洋公园分类体系，构建国家海洋公园分类指标，明确国家海洋公园的具体类型和特征。

（2）在已构建的机制框架基础上，进一步深入开展机制框架中定量理论方法的研究，不断完善机制框架的理论方法体系。比如，结合运用 GIS 技术，对公园的选址和范围的确定开展建模研究，得出合理选址方案和公园范围；应用环境承载力模型、生态足迹计算模型、旅游容量计算模型，对国家海洋公园保护与开发进行建模分析等；应用发展机会成本法与生态系统价值评估法相结合，构建国家海洋公园的生态保护补偿评估模型。

（3）应用综合的理论方法，如基于 GIS 的空间分析模型与基于生态适宜性的功能区划模型相结合的方法，多指标综合评价法、层次分析法及多维决策分析法等，构建和完善国家海洋公园功能区划指标体系和管理绩效评估指标体系。

（4）不断完善国家海洋公园选址、建设规划及管理过程中战略环境评价的研究，逐步让战略环境评价介入到整个国家海洋公园的建设与管理决策过程中，尽可能地避免或减缓决策失误造成的社会、经济与生态环境的风险及影响，提高国家海洋公园可持续发展的水平。

目前，国家海洋公园作为我国未来自然保护地中自然公园的一种重要类型，其科学的建设与管理将在我国建立以国家公园为主的自然保护地体系中发挥着重要的作用。因此，有关国家海洋公园建设与管理的理论与方法亟须广大科研工作者们在未来开展更加深入系统地研究，希望本书的研究成果能够为国家海洋公园建设与管理这一可持续发展的系统工程提供科学的建议和参考依据。

参考文献

车亮亮, 韩雪, 2012. 国家海洋公园及其旅游开发[J]. 海洋开发与管理, 3(4):59-61.

陈宝明, 宋丽英, 侯玉平, 等, 2007. 中国海洋自然保护区功能分区模式及分类管理初探[J]. 生态环境, 16(2): 704-708.

陈克亮, 黄海萍, 张继伟, 等, 2018. 海洋保护区生态补偿标准评估技术与示范[M]. 北京: 海洋出版社.

崔爱菊, 孟娜, 王波, 2012. 日照国家海洋公园生态保护目标的探讨[J]. 海岸工程, 31(1): 66-71.

傅广宛, 孙心语, 2017. 我国国家级海洋保护区管理有效性评估指标体系构建与实证研究[J]. 中国海洋大学学报(社会科学版), 6(6): 7-12.

耿龙, 2015. 上海市金山三岛海洋生态自然保护区发展成为国家海洋公园的初步研究[J]. 中国水运, 15(7): 51-52.

国家海洋局, 2004. 海洋自然保护区管理技术规范: GB/T 19571—2004[S]. 北京: 中国标准出版社. http://www.docin.com/p-546676794.html.

国家海洋局, 2010a. 海洋特别保护区分类分级标准: HY/T 117—2010[S]. http://www.docin.com/p-546676794.html.

国家海洋局, 2010b. 海洋特别保护区功能分区和总体规划编制技术导则: HY/T 118—2010[S]. http://www.docin.com/p-546676794.html.

国家海洋局, 2010c. 海洋特别保护区选划论证技术导则: GB/T 25054—2010[S]. http://www.docin.com/p-546676794.html.

过孝民, 1997. 环境决策与信息支持[J]. 环境科学研究, 5(1): 14-15.

韩海荣, 2002. 森林资源与环境导论[M]. 北京:中国林业出版社.

韩维栋, 2010. 广东特呈岛国家级海洋公园总体规划专题研究[M]. 广州:华南理工大学出版社.

黄剑坚, 刘素青, 韩维栋, 等, 2010. 广东特呈岛国家级海洋公园旅游环境容量分析[J]. 防护林科技, (7): 72-74.

黄向, 2008. 基于管治理论的中央垂直管理型国家公园 PAC 模式研究[J]. 旅游学刊, 23(7):72-80.

洪晓巧, 方秦华, 2016.海洋保护区管理有效性评估体系研究进展[J]. 海洋开发与管理, 6(2):95-100.

蒋小翼, 2013. 澳大利亚联邦成立后海洋资源开发与保护的历史考察[J]. 武汉大学学报, 66(6): 53-57.

赖鹏智, 2013. 澳洲大堡礁分区管理[J]. 人与生物圈, 6(3): 29-31.

李竞, 2013. 基于居民生计的生态补偿研究——以西岛珊瑚礁自然保护区为例[D]. 厦门: 厦门大学.

李悦铮, 王恒, 2015. 国家海洋公园: 概念、特征及建设[J]. 旅游学刊, (6): 11-14.

李志强，吴子丽，刘长华,2009. 设立湛江国家海滨公园的初步探究[J]. 海洋开发与管理，(1):15-17.

林宝民，邓冬华，2007. 厦门发展海滨生态旅游的 SWOT 分析[J]. 湖北经济学院学报，4(5)：55-57.

柳荻，胡振通，靳乐山，2018. 生态保护补偿的分析框架研究综述[J]. 生态学报，38(2):380-392.

刘大海，管松，邢文秀，2019. 基于陆海统筹的海岸带综合管理:从规划到立法[J]. 中国土地，2(1):8-11.

刘洪滨，1990. 英国国家海滨公园[J]. 海洋与海岸开发，7(3)：91-94.

刘洪滨，刘康，2003. 国家海滨公园的发展及中国对策[J]. 海洋开发与管理，6(5)：63-67.

刘洪滨，刘康,2006. 国家海滨公园开发与保护的平衡——以威海国家海滨公园规划为例[J]. 海洋开发与管理，(4)：97-103.

刘洪滨，刘康,2007. 海洋保护区——概念与应用[M]. 北京：海洋出版社.

刘鸿雁，2001. 加拿大国家公园的建设与管理及其对中国的启示[J]. 生态学杂志，20(6)：50 -55.

刘某承,李文华，2009. 基于净初级生产力的中国生态足迹均衡因子测算[J]. 自然资源学报，24(9)：1550-1559.

刘某承,李文华,谢高地，2010. 基于净初级生产力的中国生态足迹均衡因子测算[J]. 生态学杂志，29(3)：592-597.

刘名远，2013. 区域中心城市产业区位与结构优势实证研究——以厦漳泉“闽南金三角”的厦门市为例[J]. 福建江夏学院学报，3(4)：10-16.

刘迅,焦海峰,唐威，等，2015. 浙江渔山列岛国家级海洋公园旅游环境容量分析[J]. 海洋开发与管理，11(1)：72-74.

卢雪英，2013. 厦门打造世界级旅游目的地的 SWOT 分析[J]. 城市旅游规划，2013，5(2)：102-103.

罗亚妮，2015. 云南省国家公园建设与管理的战略选择——以加拿大国家公园管理为借鉴[J].林业调查规划，40(2)：106-113.

罗勇兵，王连勇，2009. 国外国家公园建设与管理对中国国家公园的启示——以新西兰亚伯塔斯曼国家公园为例[J]. 管理观察，2(6)：36-37.

吕彩霞，1996. 关于海洋特别保护区建设与管理的探讨[J]. 海洋开发与管理，17(2)：23-28.

马洪波，2017. 英国国家公园的建设与管理及其启示[J]. 青海环境，27(1)：13-16.

马盟雨，李雄，2015. 日本国家公园建设发展与运营体制概况研究[J]. 中国园林，31(2)：32-35.

梅宏，2012. 大堡礁海洋公园与澳大利亚海洋保护区建设[J]. 湿地科学与管理，8(4) ：29-31.

孟宪民,2007. 美国国家公园体系的管理经验——兼谈对中国风景名胜区的启示[J]. 世界林业研究，20(1)：75-79.

倪乐雄，2007. 从陆权到海权的历史必然——兼与叶自成教授商榷[J]. 世界经济与政治，11(4):22-32.

欧阳志云，徐卫华，2014. 整合我国自然保护区体系，依法建设国家公园[J]. 生物多样性，22(4)：25-427.

祁黄雄，2009. 国家海洋公园体系建设的区划途径研究[C]. 中国地理学会百年庆典学术论文摘要集.

秦楠,王连勇,2008. 从加拿大太平洋滨海地区国家公园看中国滨海型景区[J]. 经济研究导刊，30(11)：199-200.

秦诗立,张旭亮，2013. 南海建设国家海洋公园初步研究[J]. 海洋开发与管理，(S1):1-5.

邱婧，涂建军，王素芳,等，2009. 自然保护区生态移民补偿标准探讨：以重庆缙云山自然保护区为例[J]. 贵州农业科学，37(5)：163-165.

上海交通大学, 2020. 中国海洋保护行业报告(2020)[R]. 上海: 首届海洋智库联盟研讨会.

沈海翠, 2013. 海洋生态补偿的财政实现机制研究[D]. 青岛:中国海洋大学.

申世广, 姚亦锋, 2001. 探析加拿大国家公园确认与管理政策[J]. 中国园林, 17(4) :91-93.

施胜利, 霍张玲, 陆文洋, 等, 2017. SWOT分析方法在生态环境保护规划中的应用研究[J]. 中国环境管理, 9(5): 31-36.

思明区统计局, 2019. 思明区2018年度国民经济和社会发展统计公报[EB/OL]. www.siming.gov.cn.

苏雁, 2009.日本国家公园的建设与管理[J]. 经营管理者, 1(2): 21-23.

孙芹芹, 杨顺良, 任岳森,等,2012.长乐国家海洋公园建设方案研究[J]. 海洋开发与管理,12 (11): 46-48.

王连勇, 2003. 加拿大国家公园规划与管理——探索旅游地可持续发展的理想模式[M]. 重庆: 西南师范大学出版社.

王恒, 2011. 国家海洋公园建设与保护研究[D]. 大连: 辽宁师范大学.

王恒, 李悦铮, 邢娟娟, 2011. 国外国家海洋公园研究进展与启示[J]. 经济地理, 31(4):673-679.

王恒, 李悦铮, 2012. 国家海洋公园的概念、特征及建设意义[J]. 世界地理研究, 21(3): 144-150.

王恒,2013a.国家海洋公园生态保护与旅游开发协调发展研究——以大连长山群岛为例[J]. 资源开发与市场, 29(2): 212-214.

王恒, 2013b. 我国国家海洋公园建设的背景、目的及现状研究[J]. 对外经贸, 2(4): 105-107.

王恒, 2014. 国家海洋公园:开发与保护互动[J]. 开放导报, 172(1): 105-108.

王恒, 2015. 国家海洋公园制度建设研究[J]. 国土与自然资源研究, 31(4): 49-52.

王江, 许雅雯, 2016. 英国国家公园管理制度及对中国的启示[J]. 环境保护,44(13): 63-65.

王梦君, 唐芳林, 张天星, 2017. 国家公园功能分区区划指标体系初探[J]. 林业建设, 6(4): 8-13.

王维正, 2000. 国家公园[M]. 北京: 中国林业出版社.

王文辉, 林建国,2005. 旅游者生态足迹模型对旅游环境承载力的计算[J]. 大连海事大学学报, 31(3): 86-92.

王文君, 2017. 烟台山国家级海洋公园保护、建设、管理对策[J]. 安徽农业科学, 45(17): 52-56.

王晓林,2014.青岛市国家海洋科技公园建设与管理制度研究[D].青岛:中国海洋大学.

王永生,2010. 取之有道,用得其所——国外国家公园经费来源与使用[J]. 西部资源, 5(1): 51-53.

王月, 2009. 新西兰国家公园的保护性经营[J]. 世界环境, 5(4): 77-78.

王铸金,2013. 海洋也有保护区[J]. 地球, 1(4): 26-28.

吴侃侃, 2012. 海岸带区域战略决策的环境风险评价研究[D]. 厦门:厦门大学.

吴瑞,王道儒,2013. 浅谈海南省海洋公园建设[J]. 海洋开发与管理, 30(10): 90-95.

厦门市人民政府, 2018. 厦门市2017年国民经济与社会发展统计公报[EB/OL]. http://www.xm.gov.cn/zfxxgk/xxgkznml/gmzgan/tjgb/201803/t20180323_1862832.htm,2018-3-22.

谢欣, 2008. 国家海洋公园建设探析[J]. 海洋开发与管理, (7): 50-54.

肖练练, 钟林生, 周睿, 等, 2017. 近30年来国外国家公园研究进展及启示[J]. 地理科学进展, 36(2): 244-255.

许莉, 2015. 国外海洋空间规划编制技术方法对海洋功能区划的启示[J]. 海洋开发与管理, (9): 30-33.

颜利，蒋金龙，王金坑，2015. 厦门国家级海洋公园管理模式研究[J]. 海洋开发与管理，6(7)：68-73.

颜士鹏，骆颖，2007. 国家级自然保护区一区一法立法模式的理论分析[J]. 世界林业研究，20(5)：68-73.

杨加猛，叶佳蓉，王虹，等，2018. 生态文明建设中的利益相关者博弈研究[J]. 林业经济，40(11)：10-15.

杨锐，2016. 国家公园与自然保护地研究[M]. 北京：中国建筑工业出版社.

杨宇明，2008. 国家公园体系：我们的探索与实践[N]. 中国绿色时报.

虞依娜，彭少麟，侯玉平，2008. 我国海洋自然保护区面临的主要问题吉管理策略[J]. 生态环境，17(5)：2112-2116.

曾江宁，2013. 中国海洋保护区[M]. 北京：海洋出版社.

张广海，朱旭娜，2016. 我国国家海洋公园研究进展[J]. 我国国家海洋公园研究进展，33(3)：7-11.

张洁琼，2017. 国家级海洋特别保护区管理绩效评价研究——以乐清市西门岛国家级海洋特别保护区为例[D]. 福州：福建农林大学.

张金泉，2006. 国家公园运作的经济学分析[D]. 成都：四川大学.

章俊华，白林，2002. 日本自然公园的发展与概况[J]. 中国园林，18(5)：87-90.

张明，2017. 我国自然保护区建设分析与管理对策研究[J]. 青海环境，27(2)：58-62.

张燕，2008. 澳大利亚海洋公园的居民收入效应及其借鉴意义[D]. 青岛：中国海洋大学.

张瑛，李登明，戴其亮，2019. 浅谈我国自然保护区建设管理方面存在的问题和建议[J]. 生态绿化，14(1)：163-164.

张希武，唐芳林，2014. 中国国家公园的探索与实践[M]. 北京：中国林业出版社.

张玉钧，2014. 日本的自然公园体系[J]. 森林与人类，4(5)：124-126.

朱华晟，陈婉婧，任灵芝，2013. 美国国家公园的管理体制[J]. 城市问题，33(5)：90-95.

祝明建，黄怡菲，徐建，2019. 美国和澳大利亚海洋类国家公园管理建设对中国的启示[J]. 中国园林，35(12)：74-79.

自然资源部第三海洋研究所，2017. 海洋生态损害评估技术导则：GB/T 34546.1—2017[S]. 北京：中国标准出版社.

Alcock D, Woodley S, 2002. Australians CRC Program: Collaborative Science for Sustainable Marine Tourism [M]. Washington Sea Grant Program.

Anastasia T, Savvas H, 2005. A survey of the benthic flora in the National Marine Park of Zakynthos (Greece)[J]. Botanica Marina, 48(2): 38-45.

Austin R, Thompson N, Garrod G, 2016. Understanding the factors underlying partnership working: A case study of Northumberland National Park, England[J]. Land Use Policy, 50(2): 115-124.

Bajracharya S B, Furley P A, Newton A C, 2006. Impacts of community- based conservation on local communities in the Anna- purna Conservation Area, Nepal [J]. Biodiversity and Conservation, 15(2): 2765-2786.

Clark J R A, Clarke R, 2011. Local sustainability initiatives in English national parks: What role for adaptive governance[J]. Land Use Policy, 28(1): 314-324.

Crosby M P, Bohne R, Geene K, 2000. Alternative access management strategies for marine and coastal protected areas: a reference manual for their development and assessment[R]. US Man and the Biosphere Program., Washing D.C..

Dahlgren C P, Sobel J, 2000. Designing a dry Tortugas ecological reserve: how big is big enough? To do what? [J]. Bulletin of Marine Science, 66(3): 707-719.

Davidson R J,Chadderton W L, 1994. Marine reserve site selection along the Abel Tasman National Park coast, New Zealand: consideration of sub-tidal rocky communities [J]. Aqutic Conservation: Freshwater and Marine Ecosystems, 4(2): 153-167.

DOE (Department of Energy), 2002. Guidebook to decision-making methods[S]. Washington D.C.: National Academic Press.

Eagle P F, 1993. Parks legislation in Canada[A]. Toronto: Oxford University Press.

Elliott G, Bruce M, Bonni G, 2001. Community participation in Wakatobi National Park,Sulawesi, Indonesia [J]. Coastal Management, 29(1): 295-316.

Encyclopedia Britannica Intenational Chinese Edition [EB/OL], 2010. http://www.britannica.com/ EB checked/topic/405180/national -park.

Environmental Protection Agency, 2007. Marine Parks[EB/OL]. http://www.epa.qld.gov.au.

Ernst K M, Van R M, 2013. Climate change scenario planning in Alaska's national parks: Stakeholder involvement in the decision-making process[J]. Applied Geography, 45(1): 22-28.

Fischer T B, 2003. Strategic environmental assessment in post-modern times. Environmental Impact Assessment Review, 23 (2): 155-170.

Fischer T B, Onyango V, 2012. Strategic environmental assessment-related research projects and journal articles: An overview of the past 20 years. Impact Assessment and Project Appraisal, 30(4): 253-263.

Francis J, Nilsson A, Waruinge D, 2003. Marine protected areas in the eastern African region:How successful are they? [J]. A Journal of the Human Environment, 31(2): 503-511.

Ghimire K B,Pimbert M P, 1997. Social Change and Conservation:Environmental Politics and Impacts of National Parks and Protected Areas [M]. London: Earthscan Publications Ltd.

Glick P, Stein B A, 2011. Scanning the conservation horizon: A guide to climate change vulnerability assessment[M].Washington D.C.: National Wildlife Federation.

Halpern B S, Warner R R, 2003. Matching marine reserve design to reserve objectives[J]. Proceedings of the royal society of London, 270(1527): 1871-1878.

Hamin M E,2001. The US National Park Service's partnership parks: collaborative responses to middle landscapes[J]. Land Use Policy, (18): 123 -135.

Hardi P, Barg S, Hodge T, 1997. Measuring sustainable development: Review of current pratice [R]. Occasional paper number 17.

Hatch L T,Fristrup K M r, 2009. No barrier at the boundaries:implementing regional frameworks for noise management in protected natural areas [J]. Mar Ecol Prog Se, 39(5): 223-244.

Hockings M S, Stolton S, Dudley N, 2000. Evaluting effectveness: a framework for assessing management of protected areas [M]. Switzerland: IUCN.

Hubert G, 2001. Landscapeas framework for integrating local subsistence and ecotourism: A Case Study in Zimbabwe[J]. Land Scapean Urban Planning, 5(3): 173-182.

IUCN, 1994. Guidelines for Protected Area Management Categories, IUCN and WCMC[R]. Gland, Switzerland and Cambridge, UK.

Joanna T, Susan A M, 2007. Importance-satisfaction analysis for marine-park hinterlands:A Western Australian Case Study [J]. Tourism Management, 28(1): 768-776.

John R C, 2000. Coastal Zone Management Handbook[M]. Peking: Ocean Press.

Kalli D M, 2008. Bonaire, Netherlands Antilles[EB/OL]. Environment and development in coastal regions and small islands. http//www.unesco.org/csi/pub/papers/demayer.htm.

Kareiva P T H, Ricketts T H, Daily G C, et al. , 2011. Natural capital: Theory and practice of mapping ecosystem services [M]. New York: Oxford University Press.

Kindberg J, Ericsson G, Swenson E J, 2009. Monitoring rare or elusive large mammals using effort corrected voluntary observers[J]. Biological Conservation, (1) : 159-164.

Kolahi M, Sakai T, Moriya K, et al., 2013. Assessment of the effectiveness of protected areas management in Iran: Case study in Khojir National Park[J]. Environmental Management, 52(2): 514-530.

Lisa M, 1999. Ecotourism in rural developing communities[J]. Annals of Tourism Research, 3(1): 534-553.

Linkov I, Kiker G, 2009. Environmental Security in Habors and Costal Areas: Management Using Comparative Risk assessment and Multi-Criteria Decision Analysis [M]. Berlin: Springer press, 23-32.

Locke H, 1997. National Parks and Protected Areas: Keystones to Conservation and Sustainable Development[C]. Berlin: Springer Verlag.

Longman Dictionary of Contemporary English [EB/OL], 2010. http://www.ldoceonline.com/dictionary/national-park.

Marine Parks Authority, 2003. Operation plan for jervis bay marine park [Z]. Sydeny: NSW Marine Parks Au-thority.

Mayer M. 2014. Can nature-based tourism benefits compensate for the costs of national parks? A study of the Bavarian Forest National Park, Germany[J]. Journal of Sustainable Tourism, 22(4): 561-583.

Merriam-Webster Dictionary [EB/OL], 2010. http://www.merriam-webster.com/dictionary/national% 20 park.

Millennium Ecosystem Assessment, 2005. Ecosystems and Human Well-being: A Framework for Assessment [R]. Washington DC: Island Press.

Miller P N, 2008. US national parks and management of park sounds-capes: a review[J]. Applied Acoustics, 6(9): 77-92.

National Park Service, 2007. Canaveral National Seashore[EB/OL] .http://www.nps.gov.

National Research Council, 1995. Committee on Biological Diversity in Marine System, Understanding Marine Biodiversity [M]. Washington: National Academy Press.

Noss R F, Copperrider A Y, 1994. Saving nature's legacy: Protecting and restoring biodiversity[M]. Washington, D.C.: Island Press.

ODPM (Office of Deputy Prime minister, USA), 2005. Multi-criteria decision-making manual [OL]. http://www.odpm.gov.uk/stellent/groups/odpre.

Parks Canada,2006. Canada's National Marine Conservation Areas System Plan, 2006 [EB/OL]. http://www. pc.gc.ca.

Pettebone D, Meldrum B, Leslie C, et al., 2013. A visitor use monitoring approach on the Half Dome cables to reduce crowding and inform park planning decisions in Yosemite National Park[J]. Landscape and Urban Planning, 118: 1-9.

Phillips A, 2005. 保护区可持续旅游——规划和管理指南[M]// 王智, 刘燕, 吴永波, 译. 北京: 中国环境科学出版社.

Pomeroyrs R, Parks J E, Watson L M, 2004. How is your MPA doing? Aguidebook of natural and social indicators for evaluating marine protected area management effectiveness[M]. Margate: Thanet Press.

Prato T, 2003. Multiple-attribute evaluation of ecosystem management for the Missiouri River system [J]. Ecological Economics, 4(5): 297-309.

Ramanathan R, 2001. A note on the use of the analytical hierarchy process for environmental impact assessment [J]. Journal of Environmental Management, 6(1): 27-35.

Reid G K, Bhat M G, 2009. Financing marine protected areas in Jamaica: An exploratory study[J]. Marine Policy, 33(1): 128-136.

Richard P, 季维智, 2000. 保护生物学基础[M]. 北京: 中国林业出版社.

Rollins R, 1993. Managing the national parks[A].In: Dearden, P.(eds).Parks and Protected Areas in Canada: Planning and Management[C]. Toronto: Oxford University Press.

Saporiti,N,2006. Managing national parks: How public- private part-nerships can aid conservation[EB / OL].https://open knowledge. World bank.org / handle /10986 /11185.

Semmens D J, Diffendorfer J E, Lopez-Hoffman L, et al. , 2011.Accounting for the ecosystem services of migratory species: quantifying migration support and spatial subsidies[J]. Ecological economics, 70(12): 2236-2242.

Shafer C L, 1999. National park and reserve planning to protect bio- logical diversity:some basic elements[J]. Landscape and Urban Planning, 4(4): 123-153.

Staub F, Hatziolos M E, 2004. Score card to assess progress in achieving management effectiveness goals for marine protected areas[R]. Washington D.C.: Word Bank.

Therivel R, Wilson E, Thomason S, et al., 1992. Strategic environmental assessment [M]. London: Earthscan Publication, 131-136.

Todd M J. Muneepeerakul R, Pumo D, et al., 2010. Hydrological drivers of wetland vegetation community distribution within Ever-glades National Park, Florida[J]. Advances in Water Re-sources, 10(1): 1279-1289.

Togridou A, Hovardas T, Pantis J D, 2006. Determinants of visitors' willingness to pay for the National Marine Park of Zakynthos, Greece[J]. Ecological Economics, 60(1): 308-319.

Vossler C A, Poe G L, Welsh M P, et al., 2004. Bid design effects in multiple bounded discrete choice contingent valuation [J]. Environmental and Resource Economics, 29(1): 40-48.

White A T, Courtney Catherine A, Salamanca Albert, 2002. Experience with Marine Protected Area Planning and Management in the Philippines[J]. Coastal Management, 30(1): 1-26.

Worachananant S, Cater R W, Hockings M, 2007. Impacts of 2004 Tsunami on Surin marine national park, Thailand[J]. Coastal Management, 35(1): 399 -412.

Wu K K, Zhang L P, Fang Q H, 2014. An approach and methodology of environmental risk assessment for strategic decision-making[J]. Journal of environmental assessment policy and management, 16(3): 1-23.

Wu K K, Zhang L P, 2016. Application of environmental risk assessment for strategic decision-making in coastal areas: case studies in China[J]. Journal of environmental planning and management, 59(5): 1-17.

大石武一, 内海広重, 大森重吉, 1997. 自然保護の原点: 尾瀬.山と渓谷[J]. 738 号特別企画: 蘇れ日本列島一 8-山は守られたか, 2(1): 190-195.

真坂昭夫, 2001. "エコツーリズムの定义と概念形成にかかわる史的考察"[R]. 国立民族学博物馆调查报告.

猪狩贵史, 2008.尾瀬自然观察手账[M]. 东京: JTB 出版社.

自然公园财团, 2003. レンジャーの先駆者たち-わが国の黎明期国立公園レンジャーの軌跡[M].东京: (財)国立公園協会.